NOT-FOR-PARENTS

我要当世界探险家

(英) 乔尔·莱维 文
(英) 詹姆斯·格利佛·汉考克 图
张哲 李云 译

中原出版传媒集团
大地传媒
海燕出版社

目录

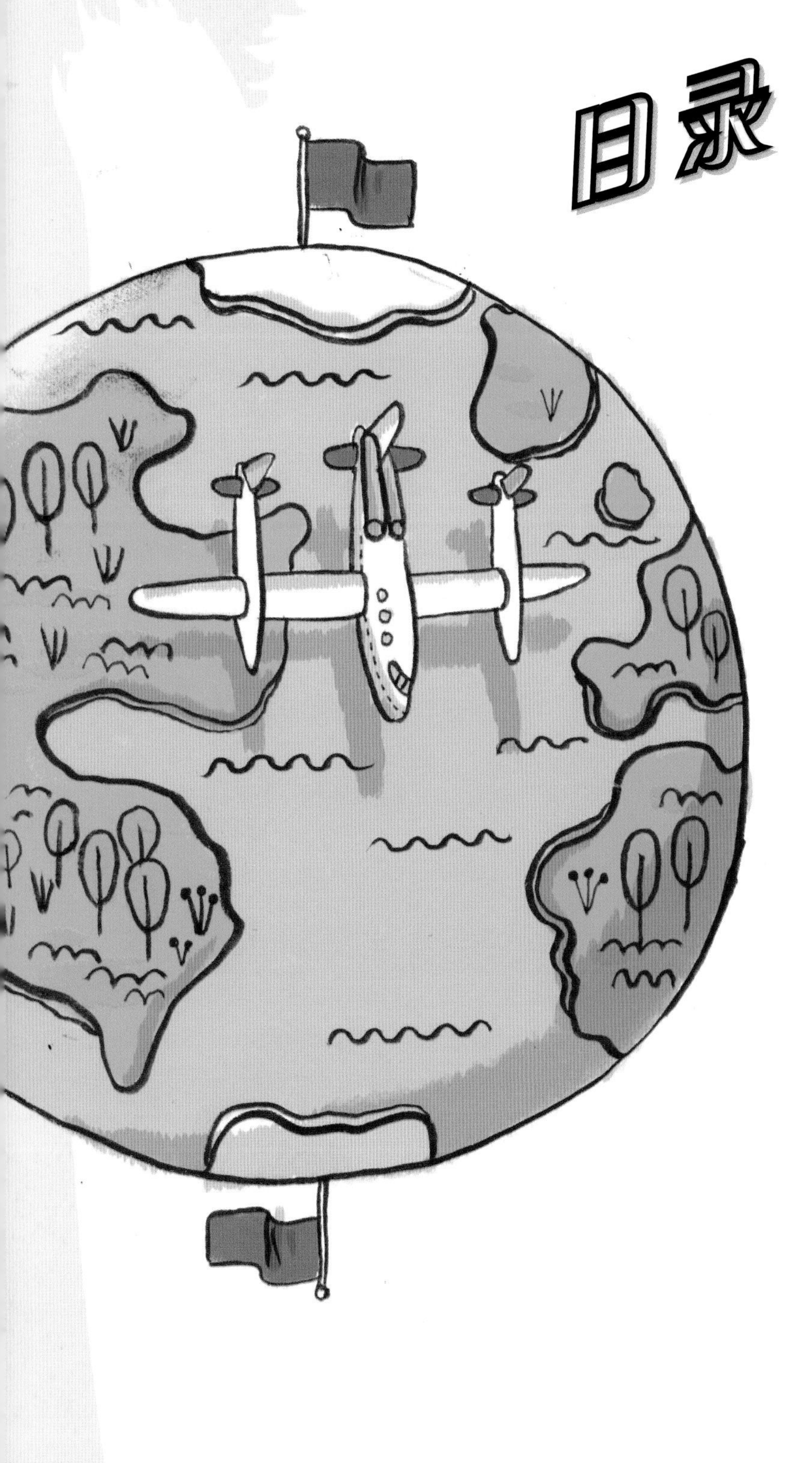

森林与高山 63

海洋与河流 87

高空世界 113

辨别方向 127

探险家训练营 141

你能在丛林中找到废弃的神庙吗？
姆布蒂人个头虽然小，名声可不小。
当心食人鲳！

丛林与热带草原

当你手执砍刀正在丛林中行走时，突然间道路塌方，你顺着泥泞的深沟急速下滑，在穿过一个巨型的蜘蛛网后陷入了危险的流沙中。远处是一座摇摇欲坠的废弃神庙，周围一个人也没有。此时，你该怎么办？是喊刚才骑的大象过来帮忙，还是抓紧藤蔓，想办法从流沙中挣脱出来？

探秘之旅

在热带，遍布着茂密的丛林和一望无垠的大草原。那里栖息着大量的珍奇动物，也隐藏着许多未解之谜。可以说，那里是探险者的天堂。你想去冒险吗？是去寻找印加迷失之城的无尽宝藏，还是去追溯尼罗河的神奇源头？

印加的迷失之城

16世纪初，西班牙殖民者弗朗西斯科·皮萨罗征服了印加帝国，一些印加人带着大量黄金逃亡到亚马孙雨林的深山中。从此，很多探险者深信那些印加人在丛林里建立了一座秘密城市，并且可能隐藏着一笔惊人的财富。很多人都死在了寻宝途中，如果是你，能闯过难关，找到迷失之城吗？

欢迎来到新世界

在茂密的丛林中生活着数以千计的部落。那里的人们与世隔绝，几乎从未接触过现代文明。想不想到这样的部落看看，成为他们接触的第一个现代人？

恐怖巨蛇

目前被发现的最大的蛇超过10米长，它们分布在南美、非洲和印度尼西亚的热带雨林中。有传闻说世界上还生存着一种能一口吞下整条独木舟的巨蛇，但一直没有确凿证据表明它们的存在。如果你能找到一条，一定会令全世界目瞪口呆的。

寻找河源

维多利亚时代的探险者曾执着地顺着尼罗河河道前行，希望追寻这条世界第一长河的源头。最后，他们发现河流的源头深藏在非洲内陆。你能跟着他们的脚步来到“月亮山脉”，完成一场刺激的旅行吗？

大猎物

以前，不少猎人会来非洲捕猎，并把大型猎物的头挂在墙上。有五大猎物最吸引猎人的眼球：狮子、大象、花豹、犀牛和水牛。除了庞大，它们也是危险和难以捕获的。当然，现在的人更多的是用相机来“捕捉”它们。

狮子

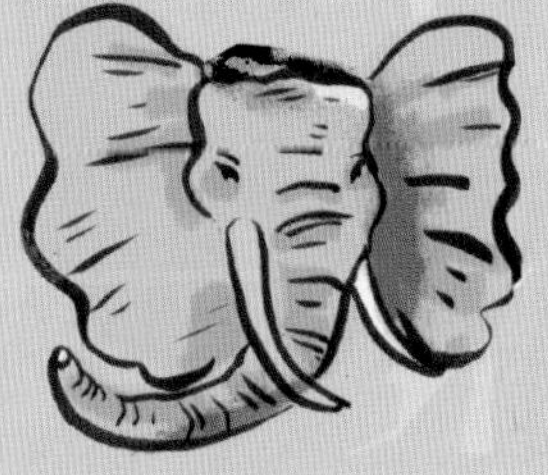
大象

花豹

犀牛

水牛

那边是丛林

丛林中地形复杂，不易行进，同时那里炎热多雨，还有很多昆虫，让人觉得非常不舒服。

剖析丛林

通常，一个森林群落分为乔木层、灌木层、草本层和地被物层，高大树木厚厚的树冠遮挡了大部分的阳光。地面附近的植物则密集地生长在一起，使人们在丛林中行进很艰难。这时，砍刀就是你探索丛林奥秘的关键工具了。

如何使用砍刀

作为一种长刃刀具，砍刀在用于劈砍挡路的枝叶、藤蔓时十分方便。要想在最短的时间内穿越丛林，就得正确使用砍刀，这样才可以节省时间和宝贵的体力。砍断那些拦路植物的时候一定要斜着砍刀，手腕和刀刃保持平行。砍茎干、藤蔓的时候，要斜着向下砍；砍树叶的时候，要斜着向上砍。砍的时候注意以下三点：

1. 放低肩膀。
2. 胳膊肘用力。
3. 轻甩手腕。

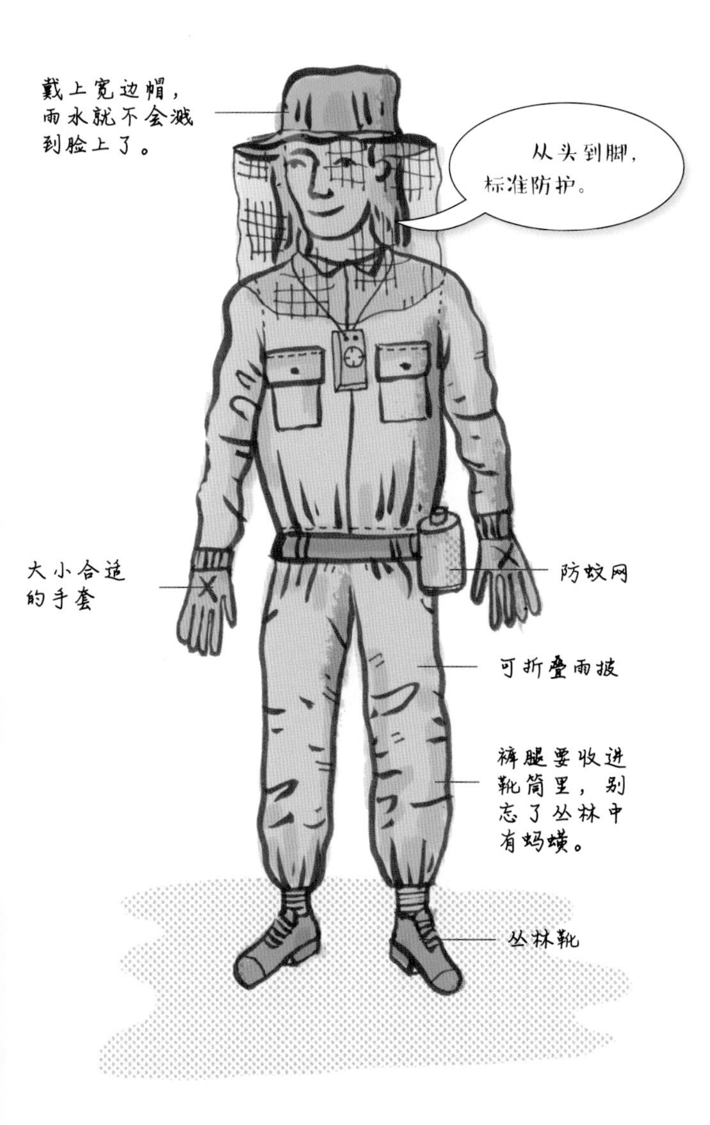

丛林装备

为了对付炎热、多雨、多虫的环境，你得带一些衣服和工具。衣服要轻便、宽松，以保持身体凉爽；还要结实耐穿，免得被荆棘等尖锐的物体刮破；而且要干得快，以免衣服一直湿漉漉地贴在身上。

了解当地人

姆布蒂人

姆布蒂人居住在中非丛林中，他们是俾格米人，或者称矮人。虽然他们不会写字记录，但是对于丛林家园中的一草一木、一鸟一兽都十分了解。他们擅长协作捕猎，有的人用弓箭射，有的人则用网捕。姆布蒂人并不住在固定的村镇中，而是就地取材用树木枝干和树叶建造临时棚屋。当他们迁移到丛林中的其他地方居住时，会把棚屋留在原地。姆布蒂人最爱的食物之一是蜂蜜，一旦找到蜂蜜就会狼吞虎咽一番。

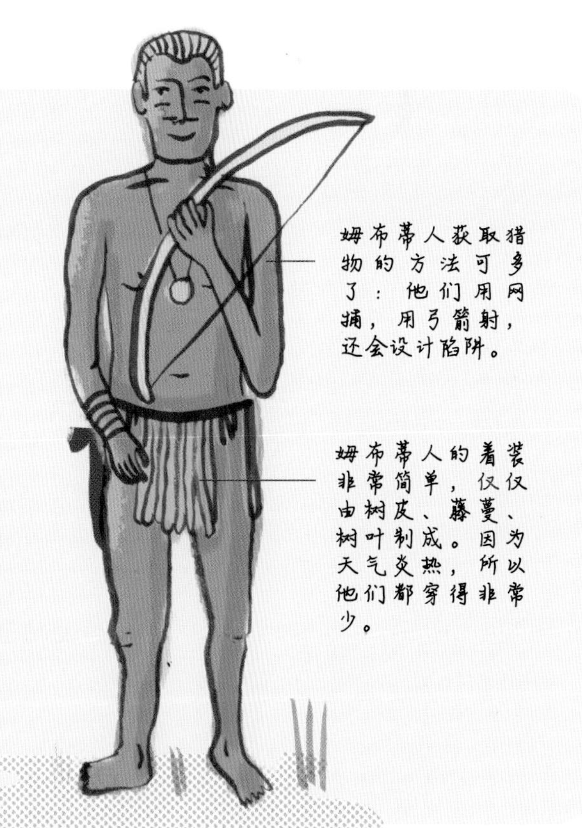

河中怪物

在丛林里，最好走的路要数水路了，但水面之下也暗藏杀机。鳄鱼通常在热带地区的水域中出没，当然它们还不算丛林中最可怕的。

如何与鳄鱼搏斗

据科学工作者推断，鳄鱼在地球上出现的时间比恐龙还早，而且至今仍然存在。它们口中的獠牙总是让人不寒而栗。但鳄鱼也有自己的弱点，所以当你遭受短吻鳄或者其他小型鳄鱼袭击时，尽管还击就是。

❶ 分散鳄鱼的注意力或蒙住它的眼睛。要试图制伏鳄鱼，你还得想法爬到它的背上。不过你要先分散它的注意力再行动，否则可能就是送死。如果你有同伴，就让他在鳄鱼面前通过来回晃或者乱叫来分散它的注意力。要是只有自己一个人，不妨先把短袖衫脱下来扔过去，盖住鳄鱼的双眼。

❷ 跳上鳄鱼背。瞄准鳄鱼的颈部——在前肢前面一点，然后跳上去，用力往下按鳄鱼的头——一旦鳄鱼的头着地，就没有太大的杀伤力了。

❸ 抬起鳄鱼后腿。用你的两条腿别住鳄鱼的两条后腿，并用力向上抬使其离开地面，这样就能防止因鳄鱼挣扎翻滚把你压在下面。

❹ 捂住鳄鱼眼睛。用一只手顺着鳄鱼头的中部向前摸索，摸到它的眼睛之后用力捂住。这样鳄鱼就会把眼球缩回眼眶。捂住别动。

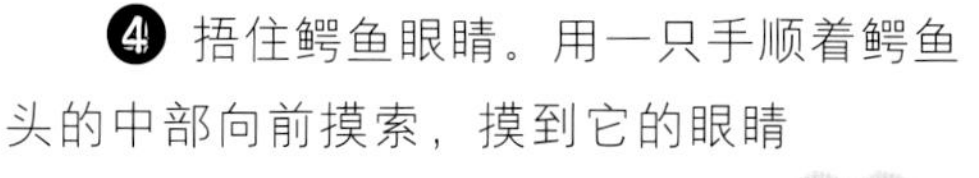

❺ 紧扣鳄鱼嘴。把一只手滑到鳄鱼下巴底部，把捂鳄鱼眼睛的那只手移到鳄鱼的鼻孔附近，两只手一齐用力夹紧它的嘴，让鳄鱼张不开嘴。

❻ 往后拉鳄鱼头。把鳄鱼头抬起来，用力往自己的方向拉。一旦鳄鱼的头被控制，它就任你摆布了。

可以让朋友拿胶带封住鳄鱼的嘴。他不敢？那算了……

警惕食人鲳

亚马孙河流域游荡着无数可怕的食人鲳。虽然它们体形小，但牙齿锋利如刀。食人鲳成群结队地对猎物发动袭击，每队至少有20多条呢。短短几分钟，它们就可以把猎物撕咬得只剩下一堆白骨。亚马孙土著因此会用它们的牙齿来制造武器。下面教你怎样在有食人鲳出没的水域保证安全游泳：

❶ 晚上游泳。因为食人鲳多在白天活动。

❷ 不要在旱季去水位低的河塘活动。食人鲳只在饥饿少食的情况下才会疯狂地发动攻击。在雨季，正常水位的河流都比较安全；而在旱季，由于水和食物短缺，食人鲳会异常危险。

❸ 如果需要游泳过河，先往河里丢一些肉。顺水流方向扔些类似动物尸体那样的肉，再趁食人鲳围食之际快速通过。

渡　河

在丛林中跋涉免不了要过河。最佳的渡河办法当然是在两岸固定绳索，然后爬过去。可是，总得要有一个人先过河才能搭建绳索。

利用浮力

告诉你一个借助裤子让自己浮在水面的办法：脱掉裤子，在裤腿的最下边打个结，甩甩裤子，让裤腿里充满空气，然后把裤腰朝下插入水中，就成了一个简易漂浮物。

找几根短圆木，用绳索捆紧，就是一个简易木筏了

制造木筏

想横跨大河，你就得做一个大木筏。这可能要花上一两天的时间哟。

用绳索或钉子固定圆木

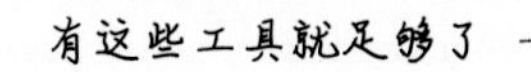

小心这些伤人的动植物

充满未知奥秘的丛林总是吸引着人们前去探险，但应当提防的是，那里也有很多会咬人、蜇人甚至吃人的东西。太可怕了！

丛林里到处都有蚂蟥的踪迹，它们能闻得到你在哪儿。如果你在一个地方站一会儿不动，就会看到不少蚂蟥从树叶上掉下来，朝着你蠕动。蚂蟥能够紧紧附着在你暴露在外的皮肤上，然后开始吸血。因为它留在你皮肤的咬痕上很多细菌，所以拨开蚂蟥的时候千万要小心。不妨参照下面的方法弄走身上的蚂蟥：

❶ 找到蚂蟥较细的一端，那是它的头部，用手指甲拨开它，再用力弹走。

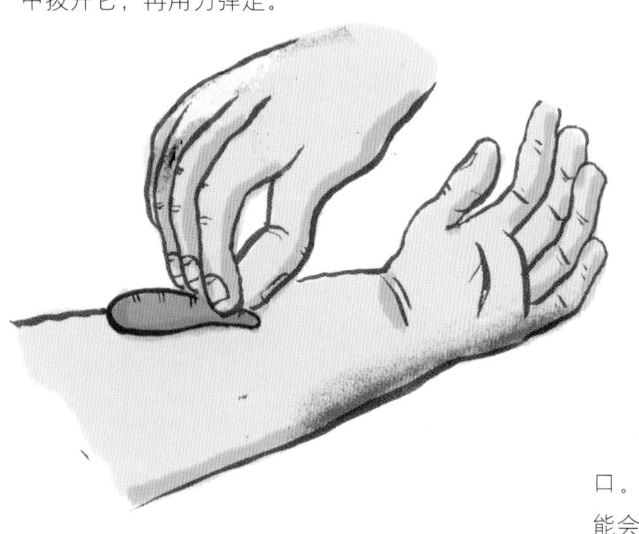

❷ 虽然可以使用盐、酒精、醋和火焰来赶走蚂蟥，但这样可能会让蚂蟥吐血，使得细菌侵入伤口。所以还不如用手指轻轻地把蚂蟥弹下来，或者等蚂蟥吃饱了之后自己掉下来。

❸ 赶走蚂蟥后立刻使用消毒剂清洗伤口。记住：在丛林中即便是很小的伤口也可能会引发严重的感染。

大蒜可对付不了这些小吸血鬼，但盐和醋可以。

叮人的树

丛林里，不光有可怕的动物，还有凶残的植物。叮人树上长满玻璃碴儿似的小毛刺，里边还有毒液。虽然这些毛刺十分细小，但却能够穿透衣服、刺入皮肤，毒液则会令人痛得发疯。如果你不幸被“叮”伤，尽快用脱毛蜡或者胶带把刺粘出来。

恐怖的爬虫

生活在丛林里的昆虫种类比地球上其他地方的都要多。很多昆虫喜欢咬人，还有一些会寄居在人身上，或者把攻击人类当成运动练习。这可不是什么好事，因为人的身体无论被咬伤、刺伤或者擦伤都有可能引发严重的感染。所以你要经常检查自己身上有没有伤口，如果有，就要立刻对伤口进行消毒、包扎处理，保持清洁。

马蝇

马蝇的幼虫会钻进人体皮肤，在肌肉中蠕动，真恶心！怎样除掉它们呢？往后翻就知道了。

壁虱

这种虫子会紧紧地附着在人的皮肤上吸血，非常恶心。有些身上还携带致命病菌，所以如果在它们正叮咬你时强行扯掉它们，可能虫子的头就会折断了留在皮肤中，造成伤口感染。所以不如用树汁或油料把它们覆盖、封堵起来，使其窒息死亡。

蜜蜂

丛林里的蜜蜂要比我们平常见到的个头大，也更凶猛。如果不小心惊扰了蜂巢或蜂群，不要惊慌，保护好眼睛和嘴，尽量迅速离开，如果有明确的逃离路线，就使劲跑，争取跑得比蜜蜂快。如果对路线不熟悉，看到旁边有矮木丛就躲进去。万一不幸被蜜蜂蜇了，要小心翼翼地用刀尖或者指甲把蜂针挑出来。

有毒的毛毛虫

身体多毛、色泽艳丽的毛毛虫可能会很危险。如果它们落到你身上，应当朝着它头的方向，用砍刀的刀刃轻轻把它刮开。

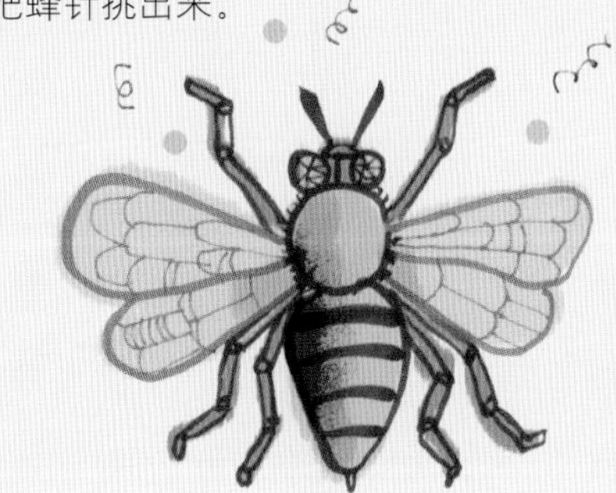

失落的黄金之城

探险者都梦想着能填补地图上的空白。历史上两个面积最大、最少有人涉足的丛林，分别在非洲和南美洲，人们认为这两个地方可能藏有难以估量的财宝，所以很多探险者都被吸引，想一探究竟。

我猜，您就是利文斯通医生吧？

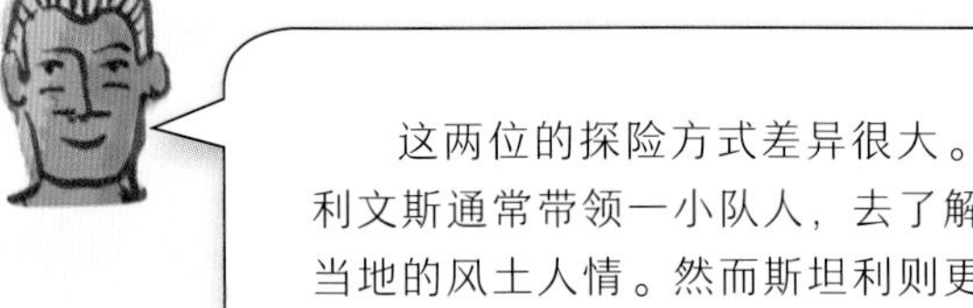

大卫·利文斯通是一位苏格兰医生，也是一位传教士。他曾穿越卡拉哈里沙漠，在非洲中部探险。后来传播基督教，并与奴隶贸易做斗争。在寻找尼罗河源头时，他在丛林深处失去了踪迹。1871年，美籍英裔记者兼探险家亨利·莫尔顿·斯坦利被派到非洲寻找利文斯通。经过7个月的搜寻后，据说斯坦利在坦噶尼喀湖边找到了利文斯通。也许是因为跋涉了那么远的路途，斯坦利只见到过这一个白人，于是据说斯坦利对对方礼貌地打了个招呼：“我猜，您就是利文斯通医生吧？”这句见面语在后世广为流传。不久，利文斯通在继续探寻尼罗河源头的途中死亡，而斯坦利则继续探索非洲第二大河流——刚果河。

埃尔多拉多

早期到南美洲的欧洲探险家们都梦想能找到传说中的埃尔多拉多——一座深藏在亚马孙丛林中的黄金城。成百上千的探险者在寻找这座城市的过程中死亡，也有人说这座城市根本就不存在。英国著名探险家沃尔特·雷利认为，埃尔多拉多就位于今天的圭亚那和委内瑞拉境内。于是他在1617年踏上征途，去寻找埃尔多拉多。但是他的探索并不成功。他的儿子被杀，他最好的朋友在越来越糟的情况下开枪自尽，他本人也在回到英国后被斩首。

不要为金子发狂，很多优秀的探险家都因为金子而葬送了生命。

失落"Z"城

另一位英国探险家、中校珀西·福塞特也深信亚马孙河流域藏着一座神秘城市，他称这座失落的城市为"Z"城，并相信它具有神奇魔力。福塞特多次到丛林深处探险。他声称曾打死过一条长约20米的蟒蛇，还发现过一条双鼻狗。1925年，在亚马孙丛林中尤为危险的玛多克罗索地区探险时，福塞特失踪。近50位探险者在寻找福塞特的踪迹时丧命，而最终也没找到福塞特的尸体。

假如你死在丛林里，就别指望能有体面的葬礼了。

丛林生存者

丛林中总是危机四伏，充满艰难险阻。但只要你有足够的知识和耐心，总能找到让自己在恶劣条件下生存所需要的东西。格雷林坠机事件和尤利亚妮·克普克的故事为探险者在丛林中的生存提供了宝贵借鉴。

坠机惨剧

二战期间，美国空军的飞行员在新几内亚中部发现了一个隐蔽的丛林深谷。谷中居民一直以来过着与世隔绝的生活。飞机无法在那里降落，陆路也被日本军队和当地野蛮人封锁了。但这并没有阻挡飞行员们不顾危险一次次地飞越山谷。1945年，一架名为〝小鬼怪号〞的飞机在山腰坠毁，21人死亡，仅3人幸存。幸存者靠当地部落居民的帮助活了下来。为了营救他们，美军动用了滑翔机和运输机，最终幸存的3人安全获救。

飞出飞机的女孩

1971年，一架飞机在飞过亚马孙丛林上空时，突然被闪电击中导致解体。17岁的尤利亚妮·克普克正坐在这架飞机上。令人惊叹的是，尤利亚妮从3000米的高空坠落，穿过树木后落到地上，居然安然无恙，只是眼眶有点青肿。而包括她母亲在内的其他乘客则无一生还。尤利亚妮在茂密的丛林深处迷了路，能吃的东西只有身上带着的几块糖。危急时刻，她突然想起父亲曾告诉她要找到小溪，然后沿着小溪一直往下游走，因为溪水汇向河流，河流旁边往往有人居住。根据这条经验，她沿着一条小溪走了好几天，最后终于发现了一个伐木工人的小屋。当时她的皮肤里已经寄生了很多马蝇幼虫，她在创口处倒汽油来除虫，足足弄出了50多条。很快，伐木工人回来了，她也因而获救。

了解一些基本的丛林生存知识能自救。

如何取出马蝇幼虫

❶ 因为幼虫需要呼吸，可以在创口贴上强力胶带或者抹上凡士林，令它们窒息。

❷ 按压创口周围的皮肤，在幼虫尾巴露出来的时候捏住它。

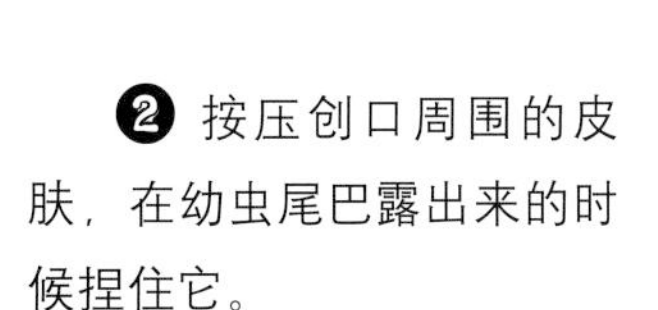

❸ 把整条幼虫从皮肤里取出来后，一定要清理干净创口，再消毒和包扎。

怎样挣脱流沙

流沙是一种细沙、黏土和水的混合物。在电影里，人一旦踏入流沙，就会被吸进沙中，越挣扎就陷得越深，直到被完全淹没。幸好，在现实中不是这样，人在流沙中不会陷得那么深。但是流沙很难挣脱，如果在流沙中陷的时间太长，可能会导致死亡。

胶着的情境

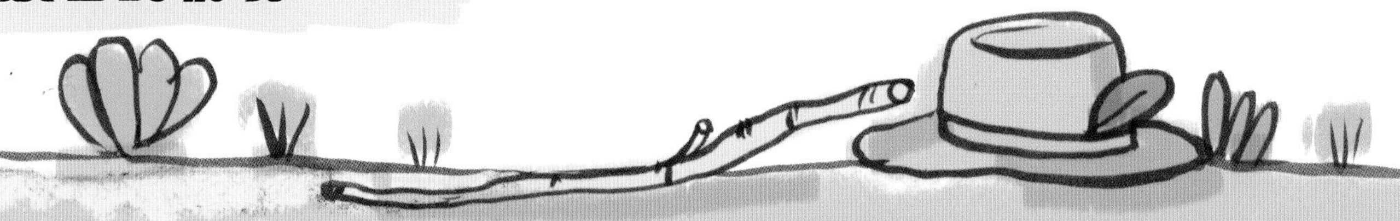

流沙是一种奇怪的东西，它既可以变得像混凝土一样坚固，也会变成像粥一样的一摊软泥，关键看沙子是怎样被搅拌的。一旦踩到流沙上面，你就已经开始在搅拌沙子了。沙子因而变得稀松，浅层沙子快速向下运动，你也一点点地陷入其中。然而，你很难完全陷进流沙中，因为人体的密度比沙子的密度小，所以你一定不会沉底，最多也就下陷到腰部。当然，与流沙相关的其他原因会导致你的死亡。比如一旦沙子变成僵硬的形态，你就动弹不得。也就是说你会一直被困住，直到最后饿死，或者被洪水淹死。

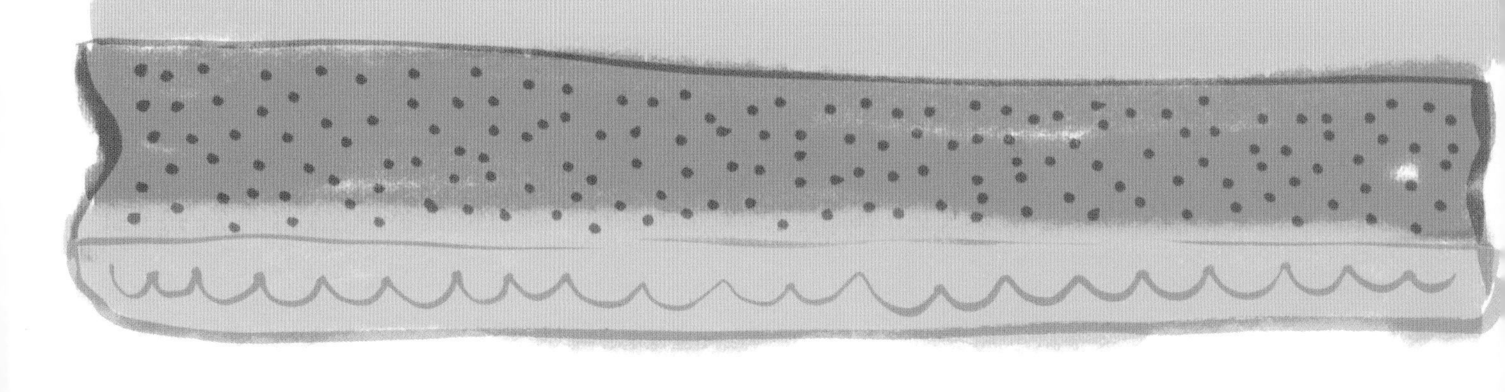

在流沙中“游泳”

要挣脱流沙，首先不要让自己陷得太深。

❶ 一旦意识到自己身处困境，立即拿下背包，扔到一旁以减轻重量。

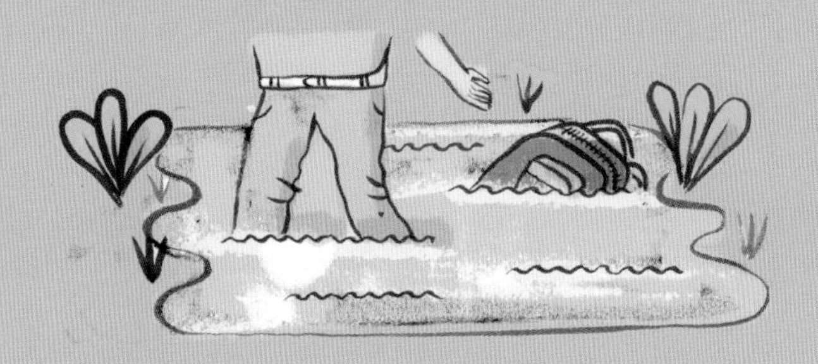

❷ 后背着地躺下来减小压强，这样你就不会继续下陷了。

❸ 要挣开流沙，你还得慢慢扭动身体陷入沙子的部分，直到最后成功脱离。

❹ 想办法回到坚硬的地上。如果有朋友在身边，让他们拉你一把，但动作要非常慢，否则胳膊就可能会脱臼。

❺ 如果只能靠自己，那就采用模仿游泳动作或蛇的爬行方式来自救，很可能几个小时你就移动了几米，好在你随时都可以停下来休息一下。

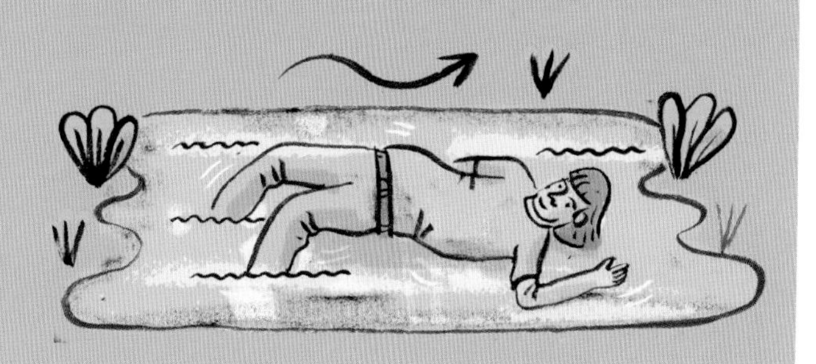

如果你随身带有短棍，可以把它放在你的后背或者臀部下面，以分散身体对沙子的压力。

丛林巨兽

大象生活在非洲和亚洲的丛林和热带草原上。它们有时会表现得凶猛、危险，但是它们也很聪明，而且力大无比，所以有时能帮探险者大忙呢。

怎样骑大象

你最好骑已经被驯化的大象（骑野生象可能会让你送命），只有亚洲象才能被驯化，所以在非洲，还是不要想骑大象的事了。

❶ 骑到象背上。给大象一个〝起身〞的指令，它会抬起腿形成一个天然阶梯。一只手抓紧一侧的象耳，把脚踩在象腿上，另一只手握紧绳子或者鞍座顺势骑上去。

如果碰到新鲜、潮湿的象粪，你可以从中挤出水来喝。不过你可能受不了那味道，还是捂着鼻子喝吧！

❷ 练习指挥大象的口令，如〝向前〞〝向左〞〝向右〞等等。最后，你用膝盖在象耳后轻轻触碰就可以发布指令。

❸ 拍大象的背。这是让大象坐下的指令，然后你可以从大象身上下来。

躲过大象的攻击

一般情况下大象不会攻击人，但是一些年轻的公象有时会极具攻击性，母象认为小象有危险时也会发动攻击。大象会用象牙刺你，用象鼻把你卷起来摔打然后扔出去，还会踩你或压在你身上。下面告诉你如何在大象面前保证自己的安全：

• 要在大象所在位置的下风处，与大象始终保持一段距离。

• 如果大象有发动攻击的趋势，要静立不动，逃跑可能会让它的攻势更猛。

• 如果大象耳朵向外张开，这可能是伪装进攻，等它平静下来后再慢慢走开。

• 如果大象的耳朵贴着头部，就表明这回它要来真的了。赶快找一棵大树爬上去躲一躲吧。

• 如果周围没有树，可以扔一些东西出去作为诱饵，比如帽子或者帆布背包，趁着大象的注意力在那些东西上的时候，立刻想法逃生。

• 如果没有东西可以扔向大象，那就挤进一个隐蔽的地方或者尽可能地蜷成一小团。

嘿，别动武，有事好商量！

抓住象牙不松手

2002年，探险家迈克·费伊在加蓬遭到了一头大象的攻击。他死死抓住象牙不放手，并且攀在上面，这样大象就无法刺伤他了。

对付蛇咬

大多数蛇都很胆怯，会躲着人。但也有些蛇脾气暴躁，会毫无征兆地对人发动攻击。

当心脚下

蛇能感觉到轻微的震动，因此在丛林中或热带草原上避免被蛇咬的好办法就是跺脚。但是要注意跺脚的位置！跺脚前要仔细观察地面，不要踩在蛇身上。要是前方有原木，先观察下原木另一方的情况再迈过去。

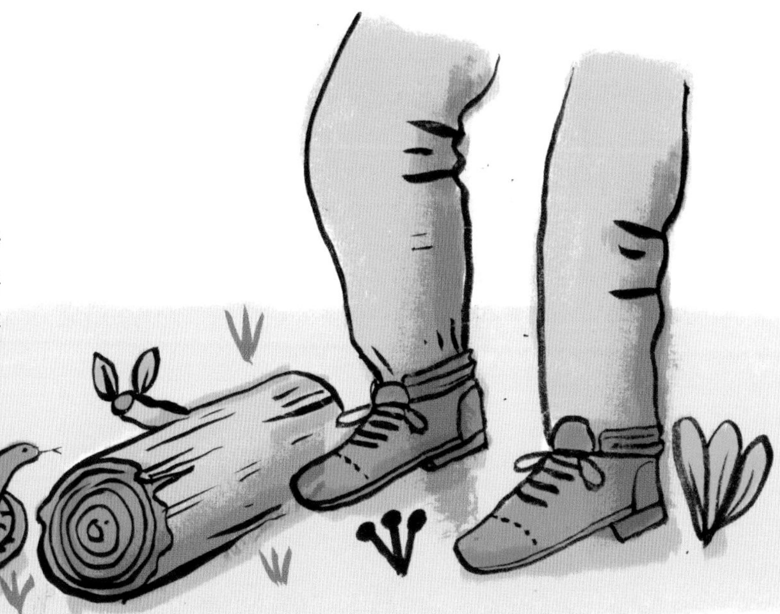

被蛇咬了该怎么办？

不要慌！大多数蛇都是无毒的，就算是被有毒的蛇咬了你也不一定会感染蛇毒。

•记住是什么样的蛇咬的你。你得准确描述出是哪种蛇咬了你，才好找到合适的抗蛇毒血清。

•用宽的弹性绷带包扎好伤处。

•尽量放低被咬伤部位。被咬伤处要尽量低于身体其他部位，以减慢毒素扩散。

•不要动。如果有人在你身旁，向他们寻求帮助，而你要尽可能静止不动。这样才能减缓血液循环速度从而减慢毒素扩散。

•大量饮水。

别忘了它的模样

找人求助

大量饮水

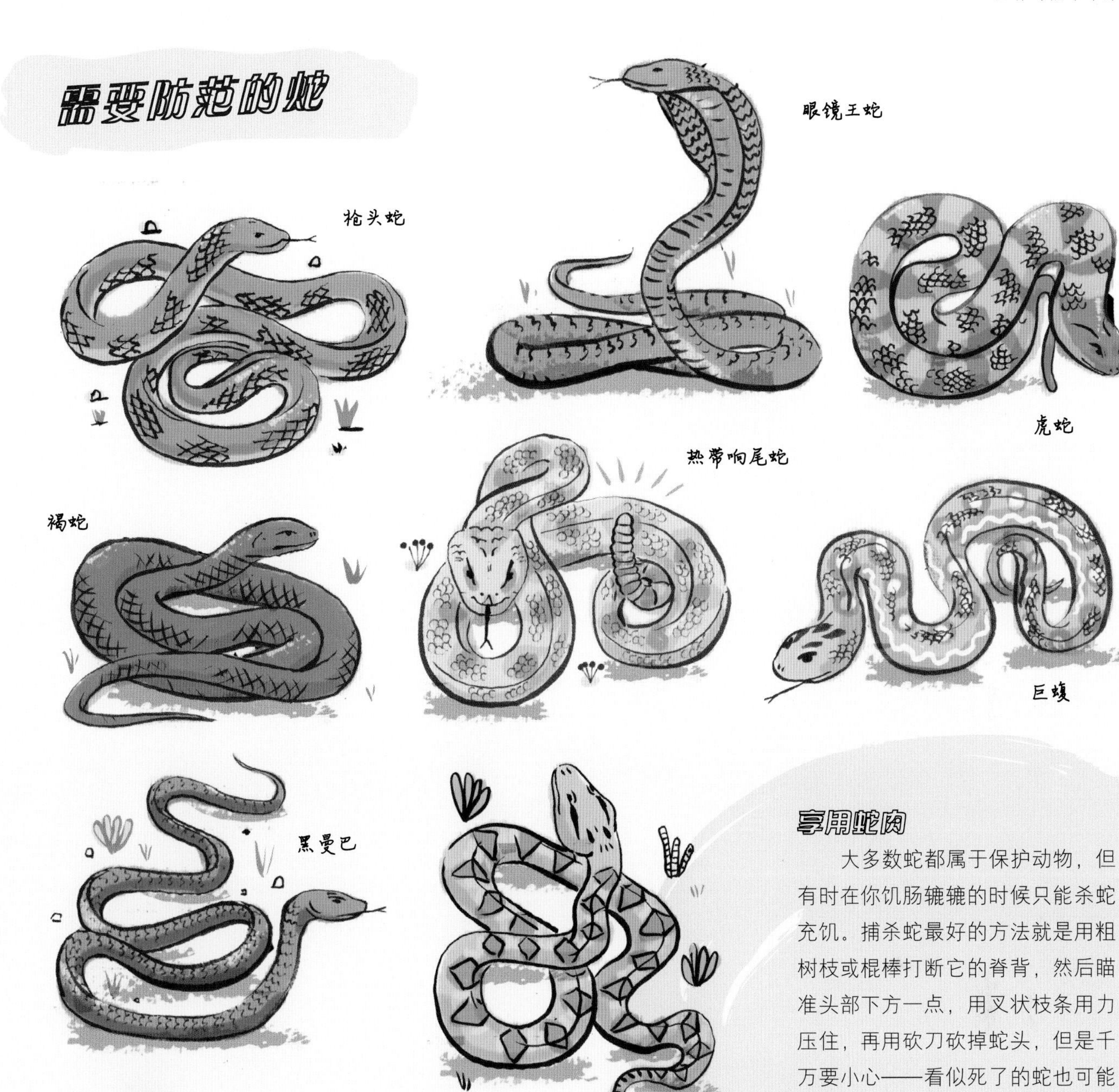

享用蛇肉

大多数蛇都属于保护动物，但有时在你饥肠辘辘的时候只能杀蛇充饥。捕杀蛇最好的方法就是用粗树枝或棍棒打断它的脊背，然后瞄准头部下方一点，用叉状枝条用力压住，再用砍刀砍掉蛇头，但是千万要小心——看似死了的蛇也可能会咬人！

了解当地人

马赛人

马赛人居住在肯尼亚和坦桑尼亚的非洲大裂谷地区。他们对当地特有的驼背瘤牛情有独钟，因为这种牛为马赛人提供所需的一切生活必需品，特别是牛奶和可饮用的血。年轻的马赛族男性被称为“磨忍”，他们居住在大草原上，学习狩猎和战斗。最勇猛的“磨忍”只需用一根棍子就可捕获狮子。

马赛舞蹈，最重要的一个动作是跳跃。

大家伙

非洲的热带草原以拥有众多大型猛兽闻名于世，然而你需要小心提防的并不是那些常见的猛兽，如狮子和猎豹，虽然它们也很危险。那么是哪种动物让诸多探险者束手无策呢？信不信由你，是河马。

可怕的河马

河马脾气暴躁，性情难以捉摸，还有巨大的咀嚼牙。它跑得比人快，即使在陡峭的河岸上也不例外，因此河马是河流、湖泊中最危险的动物。作为探险者，你免不了要在河流或湖泊中活动，因此就可能成为河马的目标。河马喜欢从船只底下猛地把船掀翻，然后开始咬人。河马还有另外一个坏习惯，就是一边像螺旋桨那样旋转尾巴一边排泄，把粪便喷得到处都是。

水牛的突袭

相对于持枪射猎，探险者更喜欢用相机捕获动物的身影。但非洲水牛可不管你手里拿的是猎枪还是相机，作为猛兽猎人的终极对手，它很容易被你的哪怕是一个小动作惹怒。非洲水牛重达1吨，奔跑时速可达55千米。非洲人给这种凶猛的大家伙起了个绰号——"黑暗死神"。

夺命的狮子

狮子一般不主动袭击人类，但有时也会发狂，成为恐怖的食人猛兽。如果一头狮子朝你所在的方向行进，而你身处开阔地带无处可躲，不要急着逃，站在原地挥舞手臂，让你自己看起来高大些。但愿狮子只是在试探你，但它要是来真的，你就只有两个选择：一是躺在地上装死，期望狮子因此对你失去兴趣放过你；二是你可以扔一些东西及大喊大叫，这样也可能会让狮子停止进攻。

跳跃能手花豹

几种猛兽中，花豹是最少袭击人的。它们一般都躲着人，只有在生病、受伤时才可能会变得凶恶。当然，离花豹的幼崽远点，这样才更安全。如果一头花豹准备对你发起进攻，你可以通过大喊、击掌、挥舞手臂来吓退它。

伟大的白人搜寻者

作为世界第一长河，几千年以来尼罗河都充满了神秘色彩。它从哪里发源？它流经了哪些奇异的陆地？找到尼罗河的源头曾是探险史上至高的荣誉。

疑团

1857年，英国探险家理查德·伯顿和约翰·汉宁·斯皮克从非洲东海岸起程，前往传说中湖泊密集的地区。几个月的行程中，他们经受住了可怕的疾病的考验，与不友善的土著周旋，终于在1858年抵达坦噶尼喀湖。伯顿身染重病，无法继续前行，而斯皮克继续向北行进，发现了维多利亚湖，他认为这就是尼罗河的源头。

两位探险者就维多利亚湖是不是尼罗河源头意见不一。斯皮克在1862年回到湖边，想彻底证明自己的判断是正确的。虽然他发现了从维多利亚湖流出的尼罗河的支流之一——白尼罗河，然而由于土著的阻挠，他无法沿着河流继续探究尼罗河的奥秘。1864年，伯顿和斯皮克约好公开讨论河源的问题。但就在准备讨论的前一天，斯皮克在外出打猎时被自己的猎枪击中。这是一场意外，还是斯皮克对于自己和老朋友闹翻了觉得很不舒服，所以选择了自杀？这个问题至今也没有一个确切的答案。

察沃的食人兽

大多数探险者所能到达的地区都会有人居住。一定要和当地居民好好沟通，切记你是外来客，要随时随地保持礼貌！

伯顿和斯皮克并非孤身探险，以下是他们的随行人员和装备：

❶ 36名非洲搬运工；
❷ 30头驮物品的驴（还有4名赶驴人）；
❸ 13名巴基斯坦士兵；
❹ 10名负责扛枪的奴隶；
❺ 1艘非常坚固的船。

约翰·亨利·帕特森上校以测量专家的身份主持修建了由英国设计的一项大工程——横贯东非察沃河的铁路桥。1898年3月，因为有食人的狮子在工地附近出没，并袭击、拖走铁路工人，这项工程被迫中断。据帕特森回忆，两头公狮子共残害了135人。它们非常有能耐，能够冲破围栏，躲过警卫人员的监控和精心布置的陷阱，工人们为此吓得魂飞魄散，称它们为“幽灵”和“恶魔”。帕特森花了几个月的时间伪装守候，试图射杀狮子，最后终于在12月份杀死了一头。几周后，他又成功杀死了第二头狮子。第一头狮子长达3米，要8个人才能抬得动。后来，人们发现至少有一头狮子的牙齿有问题，无法猎食一般动物，只能攻击人类。

大型猫科动物一般只在患病、无法捕食常规动物的时候才会袭击人类，因为相对于那些善于奔跑的动物，人更容易被捕获。

骆驼非常适合在沙漠中生存，因此它是探险者的好伙伴。想知道如何驯服骆驼吗？
小心仙人掌，它可能有毒。
澳洲棘蜥——脾气特别坏。
铲蜥在热沙子上跳舞，是为了不让自己的脚被烫坏。
跳鼠——对人类来说它很可爱，但对甲虫来说它就很凶残。

沙漠

一座有3层楼高的巨型沙丘横在面前挡住了你的去路，温度高得让你随身带的水壶都能用来煎鸡蛋了，而地面上滚烫的沙子会透过靴底灼伤你的脚。你其他所有的，就是一头坏脾气的骆驼、一个塑料袋和一块脏兮兮的头巾。就凭这些，你敢深入沙漠，解开其中那些神秘的谜题吗？

这是图阿雷格人。

纳米比亚沙漠中，雾姥甲虫采集水的方法很辛苦，也很有意思——它是用高高撅起的屁股来采集的！

探秘之旅

沙漠中潜藏着惊人的秘密，从莫名消失的军队，到地球上最奇特的动物，各种未解之谜应有尽有。你会发现什么呢？

消失的军队

波斯皇帝冈比西斯二世曾征服了埃及。公元前525年，他派遣了一支规模达50000人的全副武装的军队入侵神秘的锡瓦绿洲王国，那里也是埃及神祇阿蒙·雷的神庙所在地。就在军队艰难地穿越沙漠时，一场巨大的沙尘暴袭来，将军队瞬间吞没得无影无踪，因而令波斯军队的葬身之地成为一个历史谜团。那个地方大概处于埃及那令人望而生畏的西部沙漠，那里环境凶险，炎热的空气温度超过40摄氏度，暴风往往连刮几天才停。这座战士墓地同时也是一座价值连城的宝库，埋藏着许多古代兵器和其他遗物。探险者不断地搜寻墓地的下落，期望能因此获得巨额财富和无上荣光。

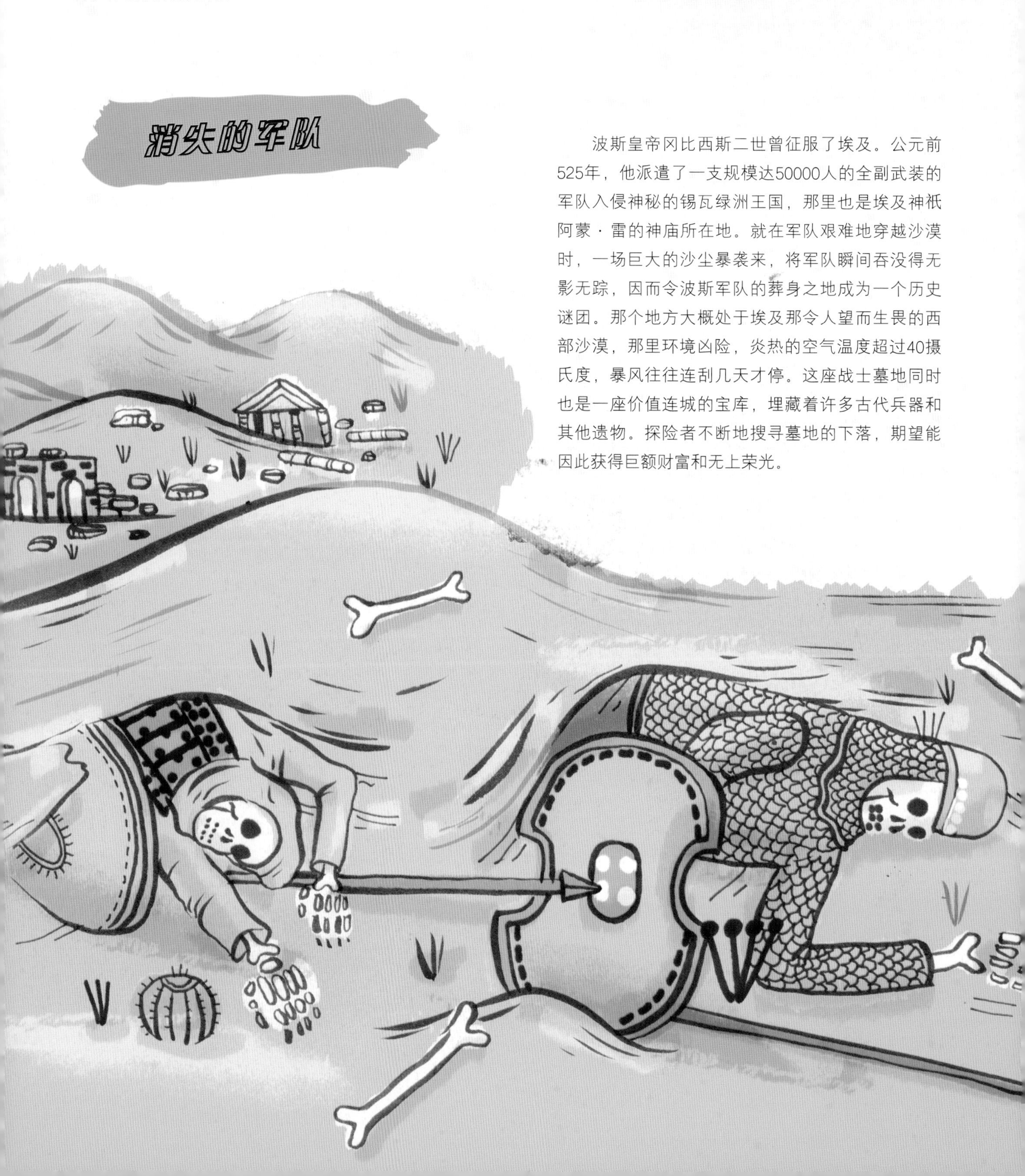

沙漠深处的石刻艺术

撒哈拉沙漠深处的岩石高原上有证据显示，这个世界上最大的沙漠曾经是一个植被丰茂、水分充足的人间天堂。那些不断被发现的史前石刻艺术证明，6500多年前，这里有许多动物繁衍生息，包括长颈鹿、鳄鱼和河马。因此，这里过去一定有河流湖泊。然而，现在却只剩下漫漫黄沙和斑驳的岩石。你能找到这些古老神秘的带有宗教色彩的艺术作品吗？

沙漠中的动物

沙漠的环境十分糟糕，似乎没有什么生物能够存活，但仍有些特殊的物种具备独特的适应能力，可以忍受高温，在缺水的环境下生存。你知道哪种动物是最强的沙漠生存高手吗？

骆驼的身体即使脱水40%也仍然能够存活。

更格卢鼠生活在北美最炎热的沙漠，像莫哈韦沙漠和索诺兰沙漠，它们可以为自己建造一些温度合适的地洞，并且从来不需饮水。

雾姥甲虫收集水的方式很特别。沙漠在清晨时往往会有潮湿的雾气，这时，甲虫会把屁股朝向天，当屁股上的雾气凝结成露水后，水就顺着倾斜的后背流到嘴里。

出人意料的沙漠

一提到沙漠，人们首先想到的就是满眼的沙丘。当然，沙漠中并不是只有沙子。世界各地的沙漠呈现出了不同的地貌景观，甚至其中的温度也各不相同，要记住，沙漠的成因不是高温，而是缺水。

最干旱的沙漠

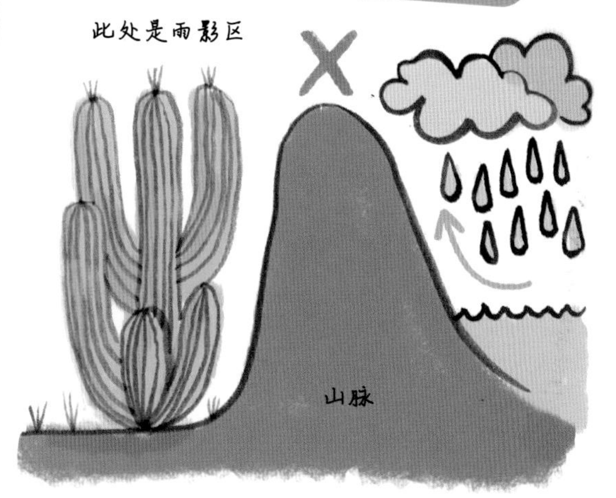

地球上最干旱的地区是南美洲的阿塔卡马沙漠。这个沙漠的部分地区从没下过雨，至少在有文字记录以来从没下过雨。为什么这里特别干旱呢？这是因为高大的山脉将沙漠和亚马孙中的热带雨林分开，使得积雨云无法到达沙漠地区。所有的降雨都落在了山上，使得阿塔卡马沙漠永远处于“雨影区”。

摩天沙丘

沙丘是借助风的堆积作用形成的。如果你只在海滩上见过小沙坡，那么你可能很难想象微小、松散的沙粒能够聚积成高达300多米的大沙丘。这几乎和摩天大楼一样高了。

空白之域

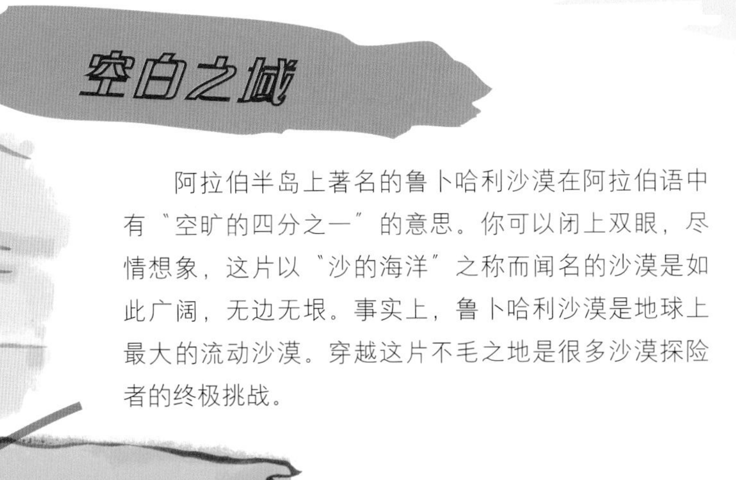

阿拉伯半岛上著名的鲁卜哈利沙漠在阿拉伯语中有“空旷的四分之一”的意思。你可以闭上双眼，尽情想象，这片以“沙的海洋”之称而闻名的沙漠是如此广阔，无边无垠。事实上，鲁卜哈利沙漠是地球上最大的流动沙漠。穿越这片不毛之地是很多沙漠探险者的终极挑战。

寒冷的沙漠

某些沙漠会出现极度寒冷的情况。如中亚的戈壁沙漠，因为海拔很高，经常可以看到那里的沙丘上笼罩着一层霜。世界上最寒冷的沙漠其实是以冰的形式存在的，该地区位于南极洲中部，那里滴雨不下，也几乎片雪不落。

寻找水源

在沙漠中，你的体内每过一小时就会失去一升水。由于沙漠的环境非常干旱，你可能很难找到水，因此你首先要注意的就是不要消耗太多水分，尽量待在阴凉处，除了计划中必须做的事情以外，不要过多活动。当你随身的淡水快要喝完时，你就需要尽快找到充足的水作为补充。所以，知道淡水一般会出现在什么地方以及如何找到水，在沙漠中是至关重要的。

找水侦探

地面下的水

虽然山谷、深沟和河床看起来很干燥，但里面仍然是有水的，特别是在干涸的河弯处和有绿色植物生长的地方。在这种地方深挖下去，就会有水涌出。开始涌出的水可能很脏，先把它舀到一边，其后溢出的水就会干净许多。如果在洞周围围上一圈石头，就能保证水源清洁。

跟着动物找水

沙漠中的动物经常会在水源地附近出没，因此要留心它们留下的新鲜粪便和足迹，特别是聚在一起或者指向同一方向的足迹。

鸟类：

在沙漠中生活的鸟类会在清早或者傍晚去饮水，这个时间段中要是你看到一些鸟飞过，它们可能正在飞往水源地。如果它们飞得低，可能是刚喝饱了水，因为肚子里装满了水所以飞不高。

蜜蜂：水源在4千米以内　　蚊子：水源在500米以内　　青蛙：紧邻水源

小动物：

小动物们生活的地带都不会距水源太远。如果你看到苍蝇，那么可能只需要走半小时就能找到水了。如果你看到蚊子，那么你肯定离水源很近。如果看到蚂蚁爬树，可能你正朝着小支流汇合的小水塘行进。

悬崖峭壁：

下雨时，部分雨水会渗入地下。有时候它们会以泉水的形式重新出现，通常是在悬崖的底部。在一些遮风挡雨的角落你甚至能看到上次下雨时留下的小水洼。

小心饮水

记住，沙漠中的水通常会很脏，甚至有毒，因此你需要把这样的水过滤、净化一下。有一种简易的净化水的方法：把水装在干净的塑料瓶里，放在阳光下暴晒几个小时。

可以止渴的植物

探险者懂得如何最好地利用身边的自然资源，即便在沙漠中也不例外。沙漠植物很聪明，知道如何找到水，如何储存水。但是如果你想从沙漠植物中汲取饮水，你首先要懂得挑选植物，知道哪些植物能用，哪些植物不能用。

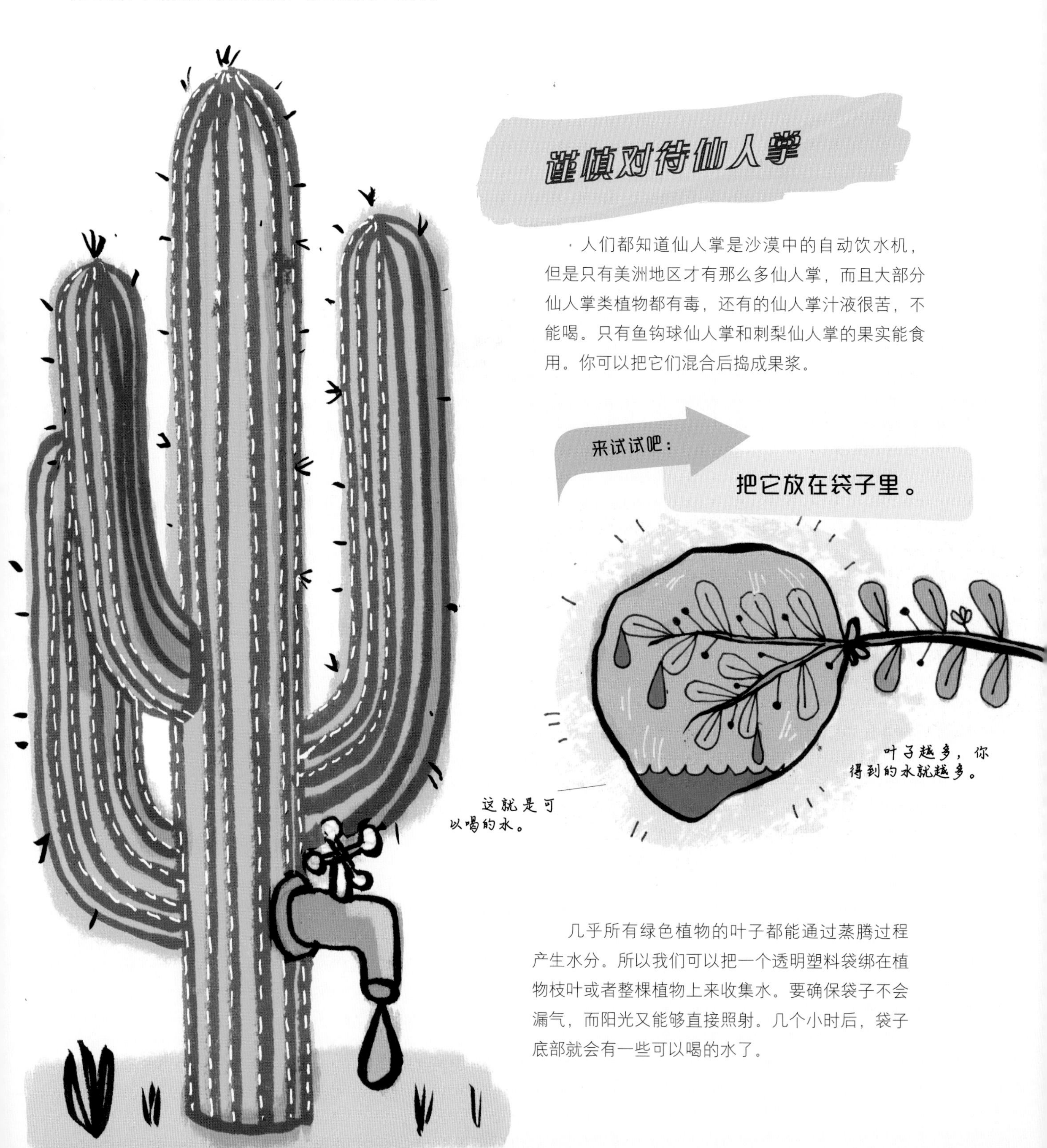

谨慎对待仙人掌

人们都知道仙人掌是沙漠中的自动饮水机，但是只有美洲地区才有那么多仙人掌，而且大部分仙人掌类植物都有毒，还有的仙人掌汁液很苦，不能喝。只有鱼钩球仙人掌和刺梨仙人掌的果实能食用。你可以把它们混合后捣成果浆。

来试试吧：

把它放在袋子里。

几乎所有绿色植物的叶子都能通过蒸腾过程产生水分。所以我们可以把一个透明塑料袋绑在植物枝叶或者整棵植物上来收集水。要确保袋子不会漏气，而阳光又能够直接照射。几个小时后，袋子底部就会有一些可以喝的水了。

来试试吧：

太阳能蒸馏器

太阳能蒸馏器或者沙漠蒸馏器能够利用太阳的热量摄取地表的水分，也可以集取任何你触手可及的植物的水分，还能从一些含盐量较高的水（如人体尿液）中提取淡水。具体的做法是：先挖个洞，将水桶放在洞中央，再在洞上方放置并固定一张塑料薄膜，用一块小石头压住薄膜，使薄膜向桶的方向凹陷。太阳的热量使薄膜下方的空气升温，地表或洞中事先采集的绿色植物所产生的水分蒸发，并会在薄膜的下方凝结，再滴进桶里，变成相对纯净的水。

警告：很多野外生存的行家认为，你挖洞时流的汗比用沙漠蒸馏器获取的水量还多，有点得不偿失呢。

水，水，水

在酷热的沙漠中生存，你的饮水量是在一般环境中饮水量的四倍，也就是说，在白天，每小时至少得饮用一升水才行。

了解当地人

图阿雷格人——撒哈拉的蓝色人

图阿雷格人是居住在撒哈拉地区的游牧民族。25岁以上的图阿雷格男性依照传统，一律佩戴遮盖脸部的头巾，因此图阿雷格人被称为“佩戴面纱的民族”。由于长期佩戴染成靛蓝色的头巾，他们的皮肤也沾上了蓝色，因而他们又被称为“蓝色人”。图阿雷格人在广阔的沙漠上穿行，并寻到足够的食物和水。他们还能够准确地记住不同方位的绿洲。他们也是出色的牧人，能充分利用骆驼的每一部分，包括骆驼粪——要知道沙漠里缺少木材，骆驼粪可是重要的燃料呢。

骆驼粪干燥后才能生火。

沙漠威胁

沙漠美丽壮观的景色背后，也暗藏着重重危机。探险者在沙漠中可不是只需要一大瓶水那么简单。沙漠里除了蜇人的蝎子，还有海市蜃楼的幻影，到处都充满着难以预知与不可思议。

沙尘暴——从天而降的死神

沙尘暴发生时，强风吹起灰土、沙砾在空中翻滚，像巨型钢丝球一样席卷沙漠大地。严重时，急速移动的沙砾会打伤人或使人变盲。看到沙尘暴席卷而来，要尽可能地在建筑物内或者车内躲避，并关闭所有门窗。如果你只身一人又身处野外，那就要戴上护目镜，系上围巾，用湿润的布遮住脸，尽量躲在石头的后边，同时蜷成一团保护头部。骆驼可以闭上眼睛和鼻孔等着沙尘暴过去，因此如果与你同行的是一头骆驼，不妨用〝库什〞这个命令让它跪坐下来，这样你就可以在它身旁躲避凶猛的沙尘暴了。

在沙尘暴频发的地区探险时，要随身携带护目镜以及围巾等。

海市蜃楼——眼睛的错觉

海市蜃楼是一种光影的幻觉，通常认为，如果在沙漠中你看到遥远的地方有水，那可能只是天空中的幻象。别被蒙蔽了！

小心蝎子

蝎子的刺针会向攻击对象注射毒液，十分吓人，幸而大部分蝎子的蜇咬是不会致命的。但是，有一些蝎子却能导致人特别是儿童死亡。你能辨别出哪种蝎子危险吗？注意那些个头儿小、淡黄色、尾巴又长又瘦的蝎子，这些蝎子往往很可怕。蝎子一般都远离人，因此你见到它的时候不妨也离它远一些。在沙漠寒冷的夜晚，它们为了取暖可能会钻进你的靴子、帽子、帆布背包里甚至睡袋里，因此早上起来后你要把所有东西都抖一下。

中暑——脑袋里翻江倒海

当身体吸收的热量远远大于身体散发的热量时，人就会中暑。对于探险者而言，沙漠中强烈的阳光和炙热的空气可能是他们面临的最大威胁。所以应该尽量全天都盖住头避免中暑，并一直穿着宽松的衣服，待在阴凉的地方，只在清晨、傍晚出来活动，满月时也可以在夜间出来。要是感觉头晕、头疼，就停止手头的一切事务，躺在阴凉处，把头浸在水中，并且慢慢地、持续地小口喝水。

沙漠之舟

骆驼可是一种神奇的生物。它们在无水环境下行进的距离是人类的10倍，而它们在补充水分时，一次可以喝下150升水（这些水能把人撑死好几次）。骆驼对于任何一位严肃的沙漠探险家而言都是必不可少的伙伴。它能驮水、驮帐篷，能在烈日之下提供阴凉，还能在沙尘暴来袭时为人提供庇护，在夜间能让人保暖。那些四轮汽车永远都到不了的地方，骆驼能带你去。

为什么骆驼有驼峰

驼峰是骆驼储存脂肪的地方。脂肪集中在一起，不分散到身体各处，这使骆驼身体温度的变化就不会过大。

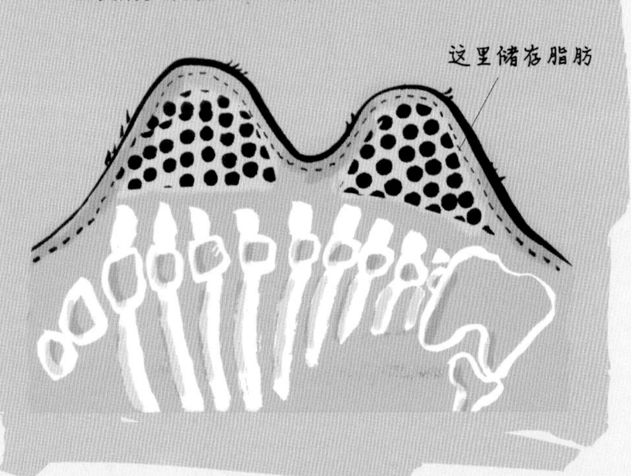

全面防护

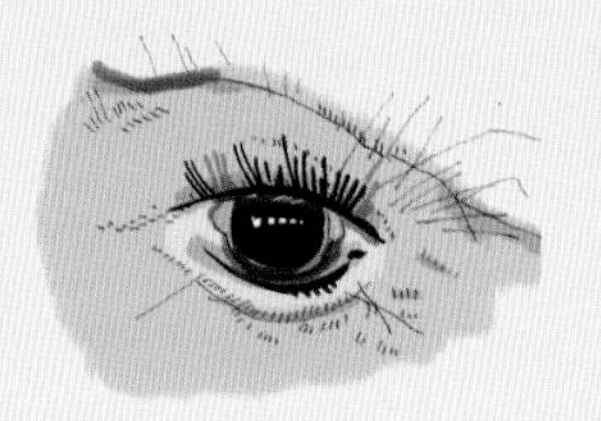

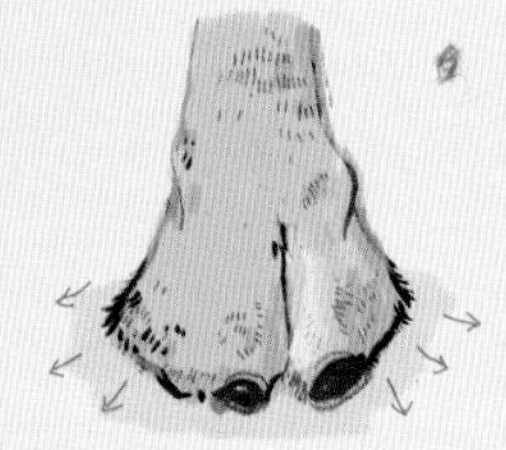

骆驼的嘴能抵挡荆棘的伤害，它的眼睑则像挡风玻璃一样能阻挡灰尘。它们的脚掌宽大且有两个脚趾，这使它们不会陷入沙子之中，另一个令人称奇的地方是它们还能闭上鼻孔挡住沙砾。

怎样驯服野生骆驼？

❶ 将一群野生骆驼聚在一起，赶进一个带栅栏的院子里。精心挑选一头适合你的骆驼。两三岁的母骆驼是最好的选择，不要选长得凶巴巴的公骆驼。

❷ 让一头〝教练骆驼〞来帮忙。〝教练骆驼〞是已被驯化的骆驼，训练有素，能帮你安抚住野生骆驼，消除它们的疑心。

❸ 让骆驼习惯你在周围。最终你的存在和抚摸都会让它觉得舒适，尤其是你喂食物和让它舔盐块时，会令它更加愉快。

❹ 缰绳在你骑骆驼的时候会用到。但首先要让骆驼习惯脖子上那些环绕着的绳子，训练它上下左右活动活动脑袋，然后它整个身体就会对缰绳的压力做出反应。

❺ 训练你的骆驼跪坐。〝库什〞是用来让骆驼跪坐下方便人骑上去的指令。

❻ 现在可以骑骆驼了。跨上跪坐着的骆驼的背，把脚放在鞍的两边，让自己坐稳。骆驼站起来时会先抬起后腿，再抬起前腿，这时你要小心点，因为你的身体会随之向后猛地一仰。

恐怖的哈瑞

哈瑞是1840年从加纳利群岛引进的，是第一批进入澳大利亚的骆驼之一。六年后，它成了探险家约翰·安斯沃斯·霍罗克斯深入澳大利亚腹地探秘的伙伴之一，但是它可没有起什么好的作用。当霍罗克斯带着哈瑞来到一座干涸的湖边时，霍罗克斯被不远处的鸟吸引，并准备举枪向鸟射击。就在他往枪膛里装弹的时候，哈瑞忽然倒向他，背上的鞍具正撞到枪的扳机上。只听“嘭”的一声，霍罗克斯的脸顿时变得血肉模糊。三个星期后，这个不幸的探险家死于伤口严重感染。哈瑞的脾气看来确实不大好，因为就在人们准备打死它为霍罗克斯报仇时，它还准备在行刑人的身上狠狠咬上一口。

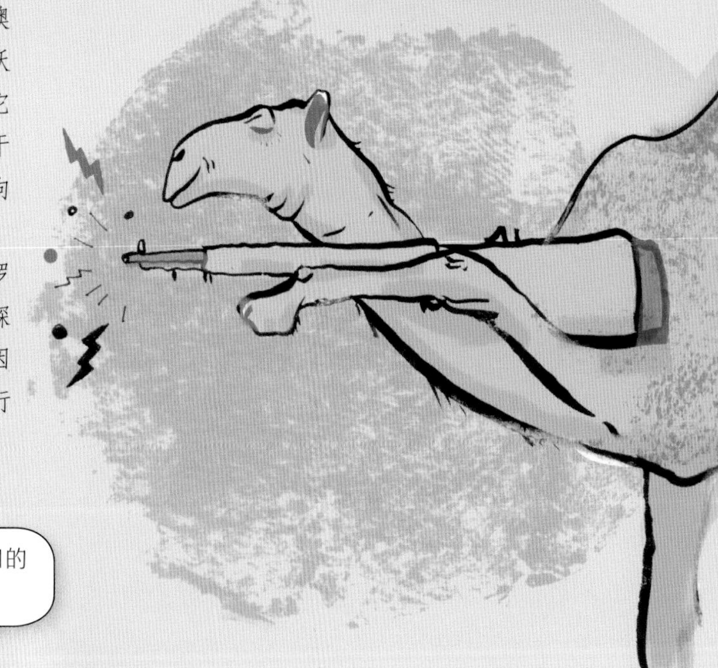

教训：切记永远不要把你的脸放在枪口的前面，不管这支枪的枪膛里有没有子弹。

你从哪里找的帽子

特殊的装扮总是探险者的乐趣之一，去沙漠探险绝不会让你的这个乐趣落空。而且佩戴合适的帽子没准还能救你一命。然而哪种帽子是最合适的呢？这取决于你想要哪种风格。你想扮演法国外籍兵团的士兵，还是更乐意当一回沙漠部落居民，打扮成像图阿雷格人那样呢？

软木塞帽

在澳大利亚内陆，口渴的苍蝇总是试图钻进你的嘴巴或者鼻子里找水喝。对付这一棘手问题的办法是佩戴软木塞帽。在宽边帽的帽檐上挂上软木塞，既不增加重量，同时在你行动的时候软木塞还会摇晃，可以防止苍蝇跑到你的脸上。

图阿雷格式面纱

图阿雷格式面纱是一种绕在头上、蒙住面部的头巾，这样一块布料就能起到避免阳光直射，阻挡沙砾和灰尘等多重作用。图阿雷格人佩戴蓝色头巾，贝都因人通常佩戴黑色头巾。深色布料能过滤阳光中的有害射线，正如你佩戴的太阳眼镜，但是深色布料还会吸收更多的热量。所以最好的办法是在深色布料上覆盖白色的布，把它们合起来使用。

帽子加布

如果你要临时做一个起防晒作用的帽子，那么可以把一块布折好后塞进普通棒球帽内，自制一个法式军帽。你甚至可以在这块新加的护颈布上尿尿，这样水分在蒸发时会带走部分热量，使你感到凉爽。

在炎热的沙漠中，你的颈部后方也需要遮盖。

法式军帽

法式军帽的外形独特，帽檐投下的阴影可以使眼睛免受强光刺激，而高且方正的帽筒形成了隔热的气囊，颈部和耳侧可以用布料遮盖，这些形成了全方位防护。

探险帽

这是非洲探险者最喜欢的帽子，由软木或木髓制成——这是由柔软多孔的植物材料做成的，可以被挤压成各种形状。探险帽通风效果很好，能令你的头部保持凉爽。

沙丘

沙丘是由于风的作用由沙砾堆积而成的小丘。沙丘的形状受风力、风向、沙砾的数量性状等多种因素的影响。沙丘可简单分为以下几种：

星形沙丘：在三个或者更多方向吹来的风共同作用下形成。

抛物线形沙丘：由凹进的迎风坡和凸出的背风坡共同组成U形，因此平面上呈现出抛物线的样貌。

直线形沙丘：这些沙丘看起来都是平行的，成因之一当然是两个方向上相对均匀的风力。

新月形沙丘：它的平面形态呈新月形，两侧前端向前延伸出沙角，沙角之间有一块马蹄形的洼地，迎风坡和背风坡的分界是弧形的沙脊。

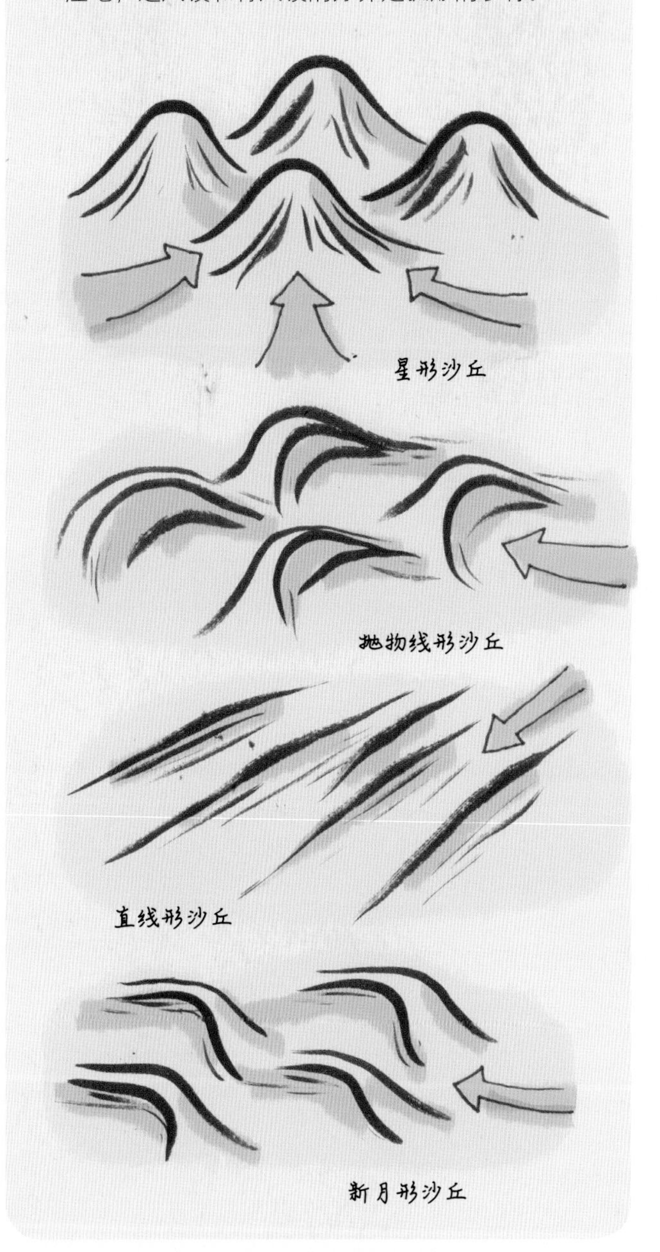

釜底抽薪之计

沙漠环境艰苦，而且暗藏危险。为了安全起见，去沙漠时最好结伴旅行，而一旦发生危险，你一定要有一套求生预案。阿伦·罗尔斯顿曾独自在沙漠中探险，当他陷入绝境时，他以超人的毅力想出了一个方案来自救，虽然这个计划执行得很艰难。

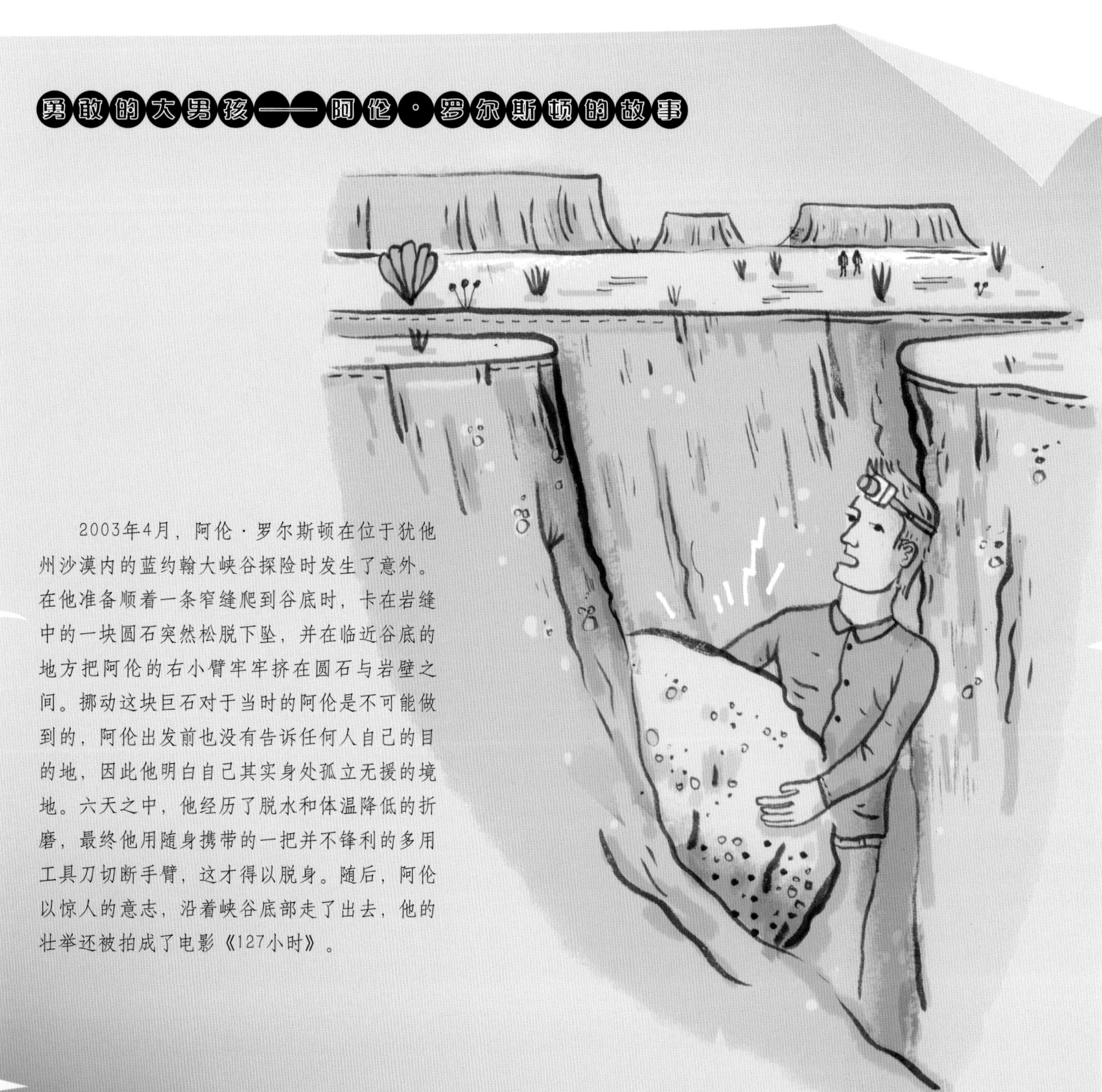

勇敢的大男孩——阿伦·罗尔斯顿的故事

2003年4月，阿伦·罗尔斯顿在位于犹他州沙漠内的蓝约翰大峡谷探险时发生了意外。在他准备顺着一条窄缝爬到谷底时，卡在岩缝中的一块圆石突然松脱下坠，并在临近谷底的地方把阿伦的右小臂牢牢挤在圆石与岩壁之间。挪动这块巨石对于当时的阿伦是不可能做到的，阿伦出发前也没有告诉任何人自己的目的地，因此他明白自己其实身处孤立无援的境地。六天之中，他经历了脱水和体温降低的折磨，最终他用随身携带的一把并不锋利的多用工具刀切断手臂，这才得以脱身。随后，阿伦以惊人的意志，沿着峡谷底部走了出去，他的壮举还被拍成了电影《127小时》。

不是每个人都会像阿伦一样陷入困境时还能保持清醒的头脑，拥有惊人的勇气。要随时告诉别人你要去哪儿，何时返回。

好疼！紧急情况下适用的急救措施

阿伦·罗尔斯顿并不是唯一在孤立无援的情况下，用极端而痛苦的办法自救的探险家。这里展示了一些在野外遇到生存危险时可能会采取的措施。毕竟知道一些基本的急救措施是很重要的，当然，若有专业救护人员知道该怎么做，就把救治工作交给他们吧。

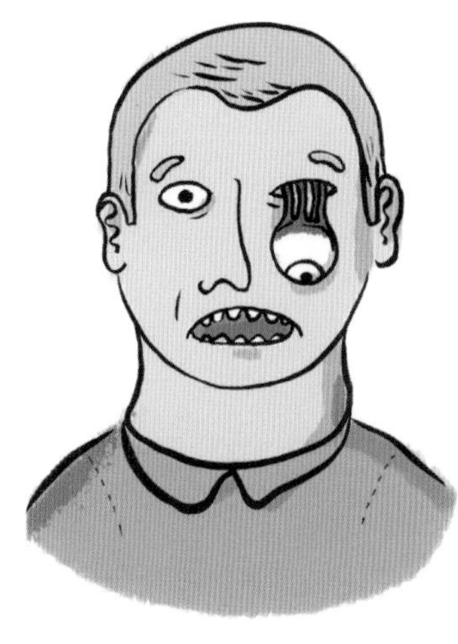

眼球脱臼

这个专业词汇是用来描述眼球从眼眶中脱出来的情况。当然这种情况发生的概率很低，但是如果你恰恰不小心用力戳到了眼睛，这件可怕的事儿可真有可能发生。在情况还不严重的时候，用干净的手指轻轻地把眼球推回到眼眶中就可以了。

缝合

缝线把迸裂的皮肤重新聚在一起，有利于伤口愈合，缝合时的动作要领是把针从一边插进去，从另一边穿过来。

拔牙

牙疼是最令人难以忍受的疼痛之一。要想知道牙疼有多难受，去问一个自己动手拔过牙的探险者吧。他宁愿自己拔牙也不愿意忍受一分钟的牙疼。拔牙需要一把钳子，当然还要有一条有力的手臂。

阑尾切除术

1961年4月的一天早晨，在遥远的南极洲科学考察站里，列昂尼德·罗格佐夫感到身体不适，所有症状表明他的阑尾已经出了问题，必须马上进行手术，否则就有生命危险。可他是基地里唯一的医生，所以只能自己给自己动手术。幸好他有一些局部麻醉剂能够使用，还有朋友来帮忙（虽说他的朋友都差点吓晕了）。

切开气管

如果有人咽喉严重损伤，或者喉部被异物或炎症引发的肿胀阻碍，那么切开气管是挽救生命的唯一办法了。选择切开的部位要准确，创洞要保持打开的状态，在条件简陋的情况下也最好用钢笔管或者吸管使进出的气流疏通。

每年，北极燕鸥都
要从北极迁徙到南极。
要寻找陨石，南
极洲可是个好地方。
在雪原上会很容易找
到陨石。
狗拉雪橇
北极熊和海
象只生活在北极
地区。
海豹在南极和北
极地区都有分布，在
世界其他地区也有。
企鹅只在南极洲
活动，所以它们不用
害怕北极熊啦。

极地

全球定位系统跟踪器显示，你从极点出发已经徒步行进了两天，然而情况有些不妙。狗的食物已经吃光了，一场暴风雪即将来临，短暂的白天也很快就要结束，温度会骤降到零下60摄氏度。你应该加紧前进还是退回去，或者试着用冰雪和铁铲建立一个临时避难所？

探秘之旅

地球的两极是人类探险的极限，真正有志于探险的人则一直在努力挑战这个极限。冰原、冻海、难以穿越的高山、残暴的熊和相对温顺的企鹅……想一想，你在地球的最顶部或者最底端会发现些什么呢？

前往极点的比赛

想成为第一个到达南极或北极极点的人吗？很可惜，已经有人捷足先登了。在这场前往南北极点的比赛中，你虽然来得晚一些，但是若选择最有挑战性的运动方式，比赛或许还能继续。也许你可以成为第一个倒着走到南极点的人，或者趁着冰盖消融，做第一个乘着皮艇到达北极点的人！

世界尽头的山脉

地球上距离我们最遥远的、人类涉足最少的山脉是横贯南极山脉，它横切极地大陆，绵延约3500千米，平均海拔达4500米。所有伟大的南极探险家都曾探索过横贯南极山脉，时至今日，那里仍然留有很多未解之谜，也许你可以在冰冻了几百万年的湖中潜游，或者在地球上环境最干旱的地区之一——南极洲干谷中找到水。一切皆有可能。

西北航道

这是从大西洋到太平洋的航道，穿越北美洲顶端，几个世纪以来一直都是北极探险家的“圣杯”。其实还有一条穿越加拿大北部北极群岛的航道，但是一年中的绝大部分时间，这条航道的大部分都被冰阻塞。如今，随着每年大洋上的结冰数量减少，开辟西北航线供船只通行的可能性大大增加。

失踪的探险队

1845年，约翰·富兰克林爵士带着经验丰富的船员乘坐两艘船前往加拿大北部北极群岛的冰冷水域，寻找西北航线。但是他失踪了，同时他的两艘船和127位参与者也全部消失。后来人们只陆续找到一些尸体和手工制品，却没有发现船只。此外，探险日志（探险情况的记录）至今仍未找到——你能找到吗？

如果当初富兰克林向因纽特人寻求帮助，或许能幸免于难。

因纽特人

任何在极地探险的人都应当从因纽特人的生活方式和聪明才智上学到有益的方面，否则可能会付出生命的代价。因纽特人是居住在加拿大、格陵兰岛北极地区的人。他们过去被称为爱斯基摩人，但这是外来人给他们起的名字，他们更愿意称自己为因纽特人，意思是“人类”。

因纽特技术

因纽特人很擅长用有限的材料制作出出色的物品。他们做的衣服和装备比任何外来人发明的都要好（直到现在也如此）。因此，最棒的极地探险家会向因纽特人学习。比如，美国探险家罗伯特·皮尔里就曾专门找了一些因纽特妇女为他和同伴们做衣服。

来试试吧：

制造雪镜

在极地，冰雪反射的阳光会致人雪盲。过去，因纽特人从驯鹿的鹿角上剥下一些宽皮，在上面切一些口来制造雪镜。你也可以利用硬纸板来制造类似的眼镜，把硬纸板切开、展平，裁下能遮住眼睛的、大小合适的矩形纸片，然后放在脸上请别人标记出你的眼睛和鼻子的位置。在鼻子的位置切一个槽口，在眼睛的位置切出矩形的裂缝，再在纸片的每一端分别打个孔，将橡皮筋拴在上面，撑开皮筋挂在耳朵上，就是一副简易雪镜了。

一次性雪鞋

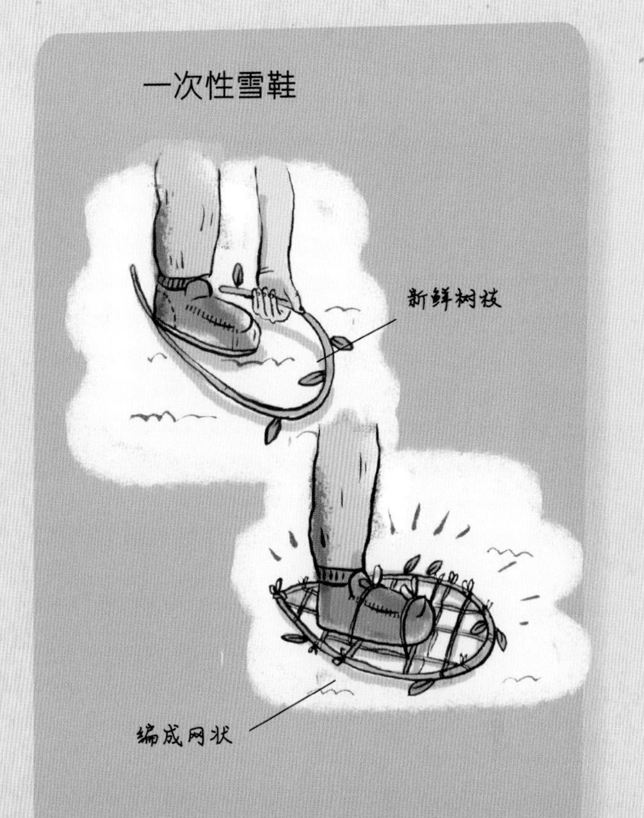

在雪地上走路很快就会让人疲惫不堪，穿着雪鞋则可以让你节省一些体力。在紧急情况下可以用以下办法自制雪鞋：将新鲜树枝折弯（弄成网球拍的样子），再用更多的树枝在圆框中编成网，或者干脆在鞋底绑上冷杉树的枝丫。

注意礼仪

探险者必须要学习当地居民的习俗和礼仪。举个例子，让一个因纽特女孩搭你的雪橇其实是向她求婚的意思，这你一定不知道吧？因纽特人习惯食用生肉，还特别喜欢生吃海豹的舌头、脑子和眼睛。如果你不想让他们失望，最好入乡随俗吧。

温暖的圆顶之家

在雪地上行走一天或者乘坐雪橇在冰原上穿行一天都很不容易，之后你需要找个温暖的地方好好休息。尤其当极地的暴风雪袭来时，你更需要找个庇护所，以免发生生命危险。因纽特人想出了一个极好、极简单的主意：用雪建造小屋，既能保存热量，还不会被风刮走。这种建筑叫作圆顶冰屋。

怎样建造圆顶冰屋

❶ 在地上画一个直径约2米的圆圈，将圆圈内的雪踩实。

❷ 用锯子将坚硬的雪（可能要往下挖才能找到够硬的）切成一个个砖块。可以先切两条纵向的平行线，再沿水平方向小心切出所需的大小。

❸ 将砖块摆在画好的圆圈上，再用锯子切出一个坡度。

❹ 将砖块顺着螺旋方向码放，同时修剪砖块的边缘。这样当冰屋越建越高时，砖块会向内倾斜。最后一块砖要将屋顶的洞盖住。注意砖块要宽一些，这样才能成为坚固的墙壁。

❺ 把背风那一侧的地面挖深一些，建造一个入口，并用两块硬雪结成的厚砖块搭成入口的顶。

❻ 在冰屋里面的一侧设计一个突起的平台，供人休息和睡觉。

如果你使用小火炉，一定要建一个烟道通风，否则毒烟会令你窒息。

探险者的错误

要从以往那些探险者的错误中吸取教训。1897年，阿布鲁齐公爵前往阿拉斯加探险时带了一些铁铸床，因为他无法忍受在地上睡觉。但事实上，由于空气在床下的流动速度更快，睡在地上反而会暖和一些。同时，还要记得在身边放一些有用的工具。一场风雪过后，英国极地探险家奥古斯丁·考陶尔德的帐篷被掩埋在雪中，由于他把铁锹丢在了外面，整整六周的时间他都无法脱身。

极地特快

在极度寒冷的冰雪环境中行走会消耗人体大量的热量，因此即便你吃得跟平时一样多，几天以后你也可能会因为饥饿而晕倒。很久以前，因纽特人就懂得利用狗——人类最忠实的朋友来替人分忧，为人类拉车。

冰原勇士

1911年，阿蒙森和斯科特展开了前往南极点的比赛。最终阿蒙森打败了斯科特并且活着返回。获得胜利的一个原因是他利用了狗，而斯科特讨厌让狗拉雪橇。雪橇犬，或者叫哈士奇，它们强壮、敏捷，非常适合在冰雪上活动。你可以在旅行过程中给它们寻找食物，不必随身携带。此外，它们食用肉类，甚至也吃人类的粪便。

驾狗

坐在雪橇车上，让狗拉着跑可不是一件容易的事情。缰绳（就是将狗连在一起以及将雪橇拴在狗身上的绳子）很容易缠绕在一起，如果驾驭的技术不好，狗就会打架，或者犯懒。同时你的雪橇应该配有把手、滑板和刹车等。

❶ 在出发前的所有工作准备就绪之前，脚要一直紧踩刹车。

❷ 松开刹车，做出“出发”的指令（比如喊“走！”）。

❸ 启动的时候身体会突然一晃，要做好准备避免摔倒。

❹ 你可能需要像玩滑板车一样用一只脚向后蹬一下地面才能让狗跑动。

❺ 按住刹车直到狗将缰绳拉紧。

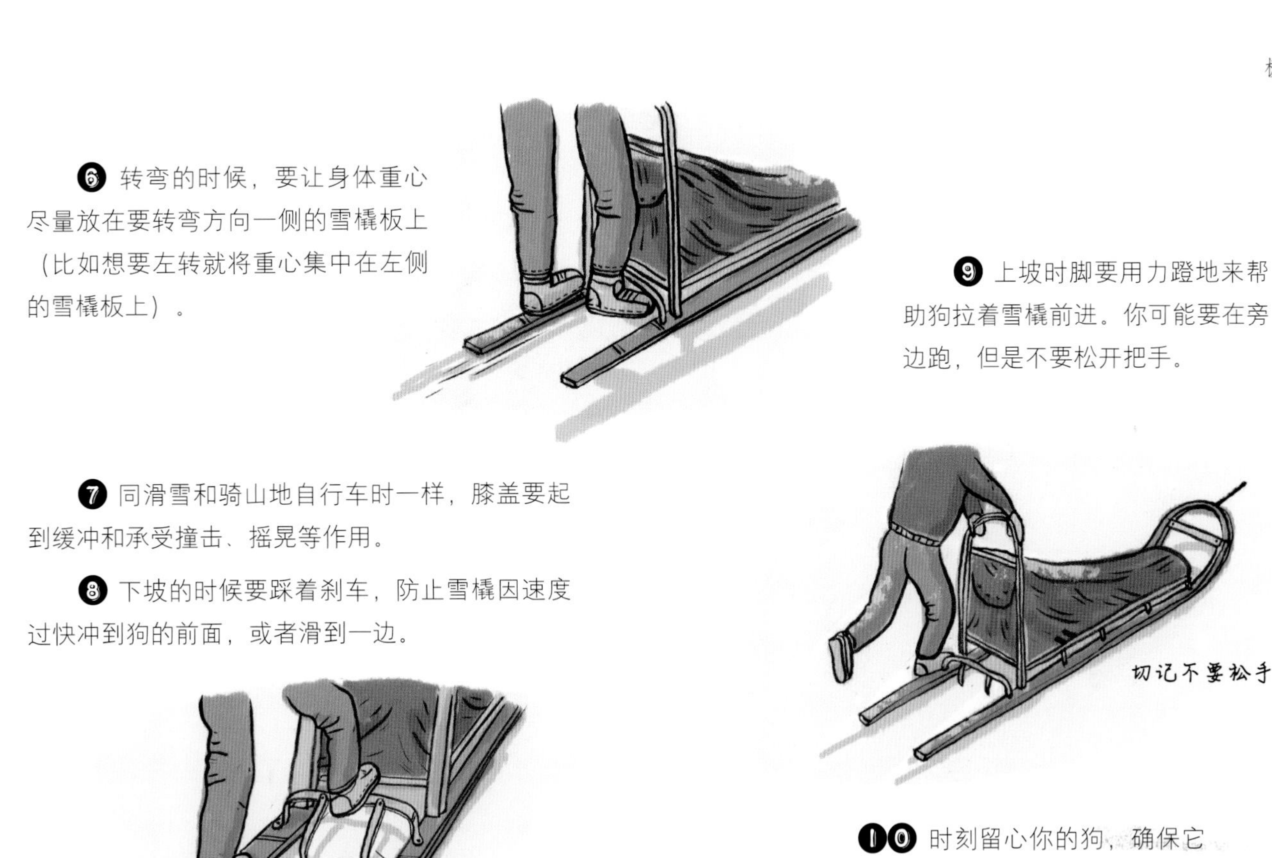

❻ 转弯的时候，要让身体重心尽量放在要转弯方向一侧的雪橇板上（比如想要左转就将重心集中在左侧的雪橇板上）。

❼ 同滑雪和骑山地自行车时一样，膝盖要起到缓冲和承受撞击、摇晃等作用。

❽ 下坡的时候要踩着刹车，防止雪橇因速度过快冲到狗的前面，或者滑到一边。

❾ 上坡时脚要用力蹬地来帮助狗拉着雪橇前进。你可能要在旁边跑，但是不要松开把手。

❿ 时刻留心你的狗，确保它们不会摔倒，也不会被绳子缠绕住。

熊和冻疮

北极探险者会担心受到两种威胁：会咬人的北极熊和冻伤。南极还好一点，至少没有北极熊的麻烦。

逃过北极熊的袭击

熊类块头大，看起来很危险，但大多数的熊不会主动伤害人类。然而世界上体形最大的陆地食肉动物——北极熊却与众不同。它们会捕食人类，特别是在它们饥饿的时候。

- 如果你远远地看到一头北极熊冲着你走过来，记得要想办法赶紧逃离——朝着相反的方向移动。但不要跑，应当慢慢后退。
- 当一头熊正朝你袭来，你可以举起双手，大喊大叫，再加上跺脚。如果身上带了哨子，就拿出来使劲吹。这使得你看起来很有气势，个头也显得更大些，也许能让熊退却。
- 对于攻击人的熊而言，用大口径的枪来对付它是最好的办法。但是一般人是做不到的，所以可以尝试用胡椒喷雾剂喷它的脸。

冻伤

当身体中某一部分受低温损害，令局部的血液循环受到阻塞产生病变，就会形成冻疮。如果一个脚趾被冻住后又解冻，它可不会恢复从前健康的状态。因为里面的组织可能已经坏死了，然后开始腐烂，非常疼痛。身体上最容易生冻疮的部位是脚趾、手指以及鼻头，如果不想这些部位受伤就一定要多加小心了。

❶ 手脚都要包裹在合适的手套和靴子内，让这些地方保持温暖，注意不要裹得太紧。

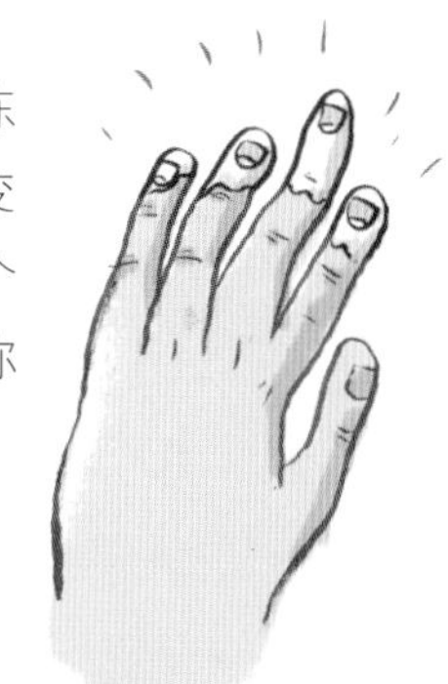

❷ 注意冻伤。这是冻疮的第一阶段，皮肤会变得苍白，失去感觉。这个阶段尚可治愈。这提醒你要特别小心加以防护。

❸ 保持干燥。袜子和手套受潮后被冻住是件危险的事情。有条件的话要勤换袜子；潮湿的袜子可以放在内裤中烘干。

❹ 如果足部严重冻伤，你最好让它们一直冻着。因为一旦解冻了会非常疼痛，而一直冻着你还勉强能行走，直到脱离困境。

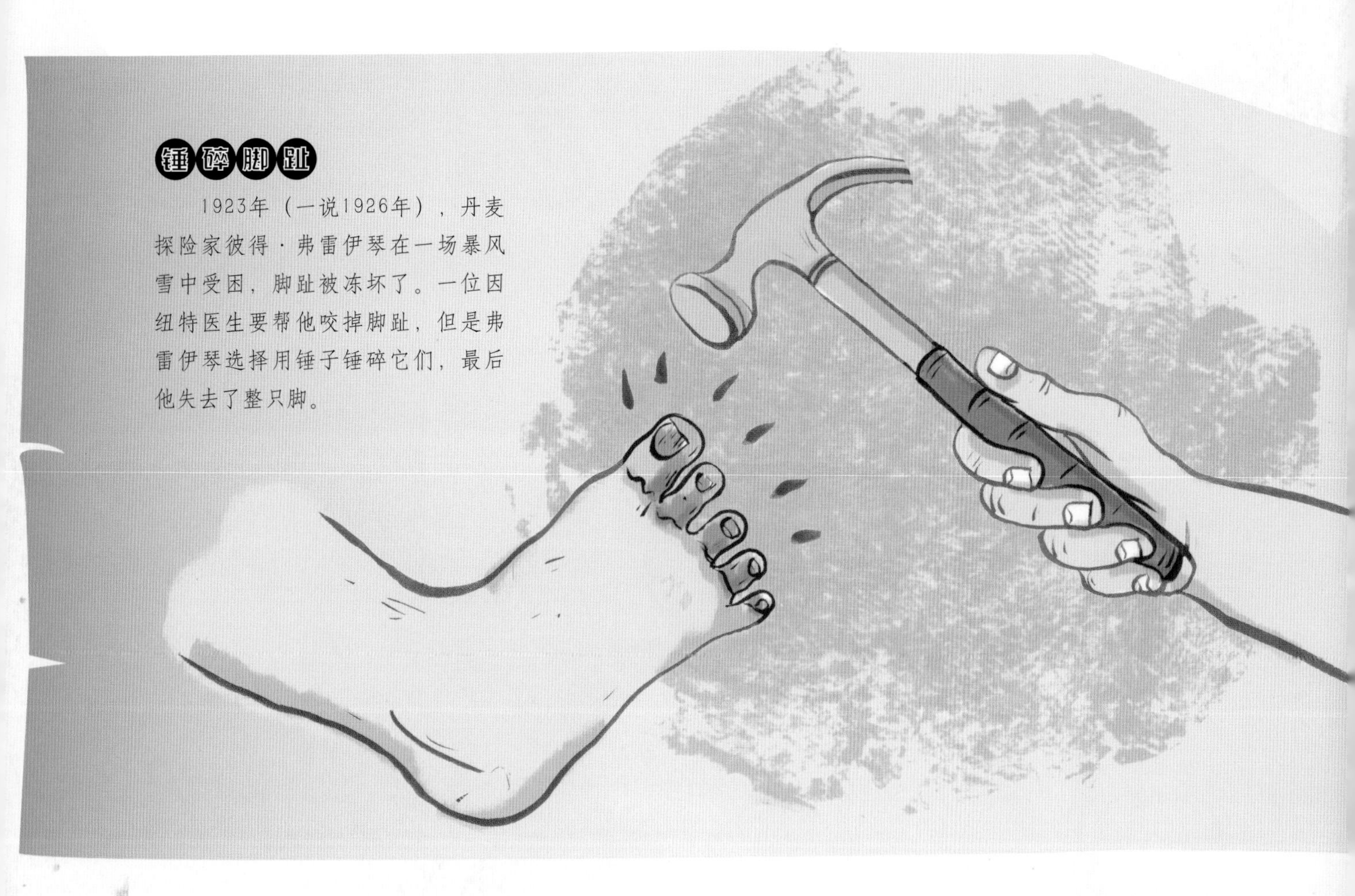

锤碎脚趾

1923年（一说1926年），丹麦探险家彼得·弗雷伊琴在一场暴风雪中受困，脚趾被冻坏了。一位因纽特医生要帮他咬掉脚趾，但是弗雷伊琴选择用锤子锤碎它们，最后他失去了整只脚。

前往极点的比赛

南极探险史上最伟大的三个人物是罗伯特·福尔肯·斯科特、欧内斯特·沙克尔顿和罗阿尔德·阿蒙森。他们的成功或失败都为后来的探险者提供了宝贵的借鉴。

悲情人物斯科特

斯科特是个勇敢的人，但是他也犯了很多致命的错误。其中包括他以为用小马代替雪橇犬效果一定更好，但后果可想而知，大部分时间都是他和队友拖拉雪橇行走的。为了成功抵达极点，他制订了一套复杂的计划，但在准备工作方面，他似乎没有对手阿蒙森周到和专业。虽然他最后也到达了极点，但还是败给了阿蒙森，而且斯科特本人及队友在返回营地的路上都不幸遇难。

爆裂

如果计划做得不够好，再先进的装备也无济于事。1897年，探险家萨洛蒙·安德烈驾驶着热气球与另外两名同伴一道出发前往北极点。先进的技术却难以与多变的自然因素抗衡。气球在寒冷的空气中运作不良，出发没多久热气球就从空中坠落到冰原上，不得不徒步行进的三个人最后来到一座小岛上，他们的遗体在三十多年后才被发现。

坚持不懈的沙克尔顿

1914年，欧内斯特·沙克尔顿向南极洲进发，他原本的计划是徒步横穿南极大陆去。但是，一场灾难袭来，他乘坐的〝持久号〞被困在了冰中。最后，船被挤压坏了并且慢慢沉没，沙克尔顿被迫带领船员登上一块巨大的浮冰，后来他们又登上了一座小岛。但大家获救的唯一希望就是找到南乔治亚岛上的捕鲸站，那里距离他们当时停留的位置约有1500千米之遥。沙克尔顿带领另外几个队员乘坐一艘救生艇在经历了十几天与风浪的搏斗后，成功到达了南乔治亚岛，并在捕鲸船的帮助下回到那座小岛。最终，所有的船员都获救了。

沙克尔顿成功的关键是他冷静周密的指挥。他把队员都当成朋友看待。要知道，领导不善的队伍会使灾难雪上加霜。

飞人阿蒙森

探险的准备工作包括接受全面的培训，选择合适的装备，还要有一套简单而周密细致的计划。

挪威探险家阿蒙森是第一个抵达南极点的人，而且他成功往返，没有损失一名队员。阿蒙森的成功要归功于他的坚定决绝、周密计划和对细节的关注。后来，阿蒙森又对飞行产生了兴趣，他成为最早成功飞越北极的人之一。然而1928年，在一次协助搜寻飞艇事故幸存者的行动中，阿蒙森所乘坐的飞机坠毁，他不幸遇难。这可能是他一生中唯一一次准备不够充分的探险。

攀越每一座山峰。
火山口安全吗？
牦牛酥油——不错的饮品哟！
半空中的安逸。
不要惊扰狼群。

森林与高山

山顶在云雾间若隐若现，继续前进需要等到云消散之后。昨晚，你在两面垂直崖壁间挂了个睡袋，并在里边睡了一晚。你身下300米的地方是一片森林，饿狼和猛熊在其中出没。现在，你一边计划着下一步行进的方向，一边打算上个厕所，但是拉链又卡住了，是脱下手套解开它还是用铅笔在拉链上面摩擦试试呢？

探秘之旅

无论是平缓的山脚还是高耸入云的顶峰，都覆盖着一望无际的森林，这样的环境总会吸引世界上一群特殊的探险者。为了成为第一个站在高山之巅的人，探险者要躲避熊和狼群，勇敢地穿越恐怖的死亡地带。当然，对于身处森林和山区的探险者来说，要赢得第一个登顶者的头衔绝非大家想象的那么容易。

寻找那些无人涉足的山脉

你相信吗？世界上有很多山峰还未曾有人攀登过。你若能成功登顶一座未曾有人攀过的山，便会留名青史。为了实现〝登山第一人〞的目标，你要到偏远一些的地方才行，比如格陵兰岛上。

沿着针叶林带环行

茂密的针叶林分布在地球上的高纬度地区，并形成一个林带。如果选择的路线恰到好处，你不用走出森林便能完成环球旅行。然而，你有能力对付熊、狼群和严寒的侵袭，而且不迷路吗？

马洛里和欧文的相机谜案

1924年，马洛里和欧文打算成为登顶珠穆朗玛峰（简称珠峰）第一人，但他们在登顶途中遇难，无人知晓他们是否成功地登上顶峰。如果可以找到欧文的尸体，再找到他随身携带的相机，通过查看胶片冲印出的照片，或许就能解开这个谜团。你能找到那具失踪了近一个世纪的骸骨吗？你能修复那台古董照相机吗？这一登山探险史上最大的谜案也许正在等着你破解。

寻找雪人

喜马拉雅山区的居民提到过一种类人猿怪兽，它隐藏在白雪皑皑的群山之间。很多到访的探险者都看到过它的脚印，有的人声称他们发现了那个生物。你能找到证据证明被称为〝夜帝〞的喜马拉雅雪人确实存在吗？

追踪活化石

世界上不少山脉深处隐藏着一些非常特殊的区域，那是一些与世隔绝的深谷，密布着原始森林。在这些特殊的区域，一些冰河时代甚至恐龙时代的树木仍然存活。比如人们在美国犹他州发现了树龄4万年的美洲颤杨，1994年在澳大利亚蓝山发现了现存的瓦勒迈松，而之前人们一直认为这个物种已经灭绝，只留有化石。你想进入深山中再寻找一些留存至今的史前植物吗？

可怕的大猛兽

自从第一个人走出非洲后，越来越多的人喜欢前往世界的北部，穿行在无边无垠的森林中，因此很多探险者都有与树林中可怕的猛兽搏斗的经历。如今，密林中大型食肉动物的数量已经少多了，尤其是熊和狼的数量。尽管如此，你若在林中迷了路，仍有可能沦为饥饿动物的盘中餐。

当狼群发动袭击

狼是群居动物，常常成群结队去捕食猎物。它们狡猾而危险，虽然不常主动攻击人类，但是如果适逢冬季，你独自一人在偏远地区，狼群就会因为食物短缺、饥肠辘辘而对你发起攻击。下面告诉你的是在遭遇狼群攻击的情况下如何求生。

- 不要跑。因为狼会追你，狼跑得可比你快多了。
- 爬到石头上面，或者爬上树。
- 站直身子，尽可能让自己看起来高大一些。举起背包或者在头上方用力挥舞手臂。
- 在一匹狼向你发动进攻时奋力反击！瞄准鼻子狠狠打过去，同时用小臂保护好自己的喉咙和脸部，找好时机朝着狼的喉咙猛打。

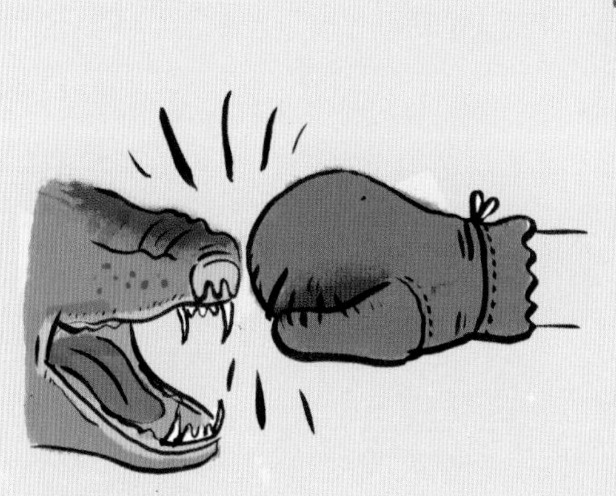

防熊必备

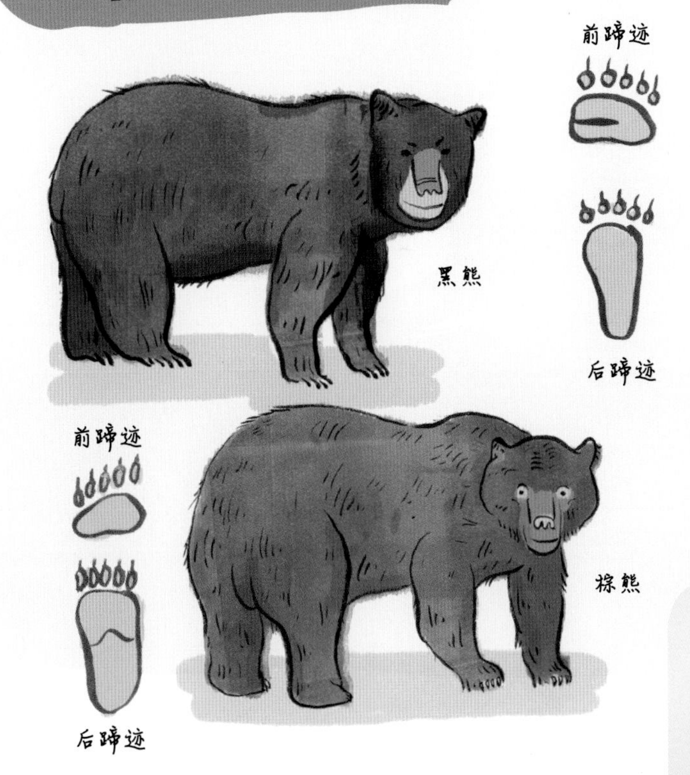

熊有很多不同种类。北极熊是世界上最危险的熊，但是在森林或山区中你更可能遇到棕熊或黑熊。黑熊个头小，危险性也低一些；而棕熊，特别是灰棕熊，体形大，因而非常危险，但熊通常不会主动袭击人类。最危险的情况有两种：一是你无意中碰到一头棕熊，熊感到自己受到了你的威胁；二是熊被你所带食物的气味所吸引。为了防止被熊袭击，你在走路的时候要多制造些噪声，当然还得放好自己的食物（见下图）。记住千万不要打扰到母熊和小熊。如果看到一头幼熊，要慢慢往后退，然后沿着来路往回走。

熊来了！

如果你不小心与一头熊面对面……

❶ 不要直视它的眼睛，把目光慢慢转向别处。

❷ 别跑！熊跑得可比你快多了。

❸ 如果熊朝你走过来，你要站直身体把手举过头顶摇晃，然后大喊或尖叫。

❹ 如果熊仍然有攻击你的意图，就试试脸贴地趴下，手指交叉紧扣脖子，装出死了的样子。

❺ 如果熊开始咬你，就迅速拿刀朝它的眼睛或者嘴部猛刺，或者朝它的眼睛喷胡椒喷雾剂。

森林的果实

森林虽然有可怕的一面，却也是最适合探险的地方之一。如果你知道去哪儿找、怎样找，在森林就能找到各种各样的可口食物。探险者往往喜欢轻装而行，因此在野外寻找食物是他们必须学会的基本技能。

森林美味

世界上约有12万种植物可供食用，其中不少植物能在森林中找到。但是，森林里也有很多植物是有毒的，因此你需要特别小心，在大快朵颐之前要确保它们是安全的。多找找植物的浆果、坚果、种子和根茎，别看它们数量少，可大多是好东西呢。

避免食用的植物

- 蘑菇和伞菌。除非你经验丰富，知道哪种可食用，否则不要吃。
- 任何流乳白色汁液的植物。
- 任何红色、白色的植物，以及长有纤细茸毛或刺的植物。
- 白色、黄色的浆果。

可能安全的植物

- 在湿土中或者水中生长的植物。
- 根部、球茎及块茎（但是在食用前一定要做熟，以去除毒素）。
- 蕨类植物。
- 蓝色和黑色的浆果。
- 有很多小颗粒的浆果（比如树莓和黑莓果）。
- 草籽（如果它们已经长出芽就不要食用了）。

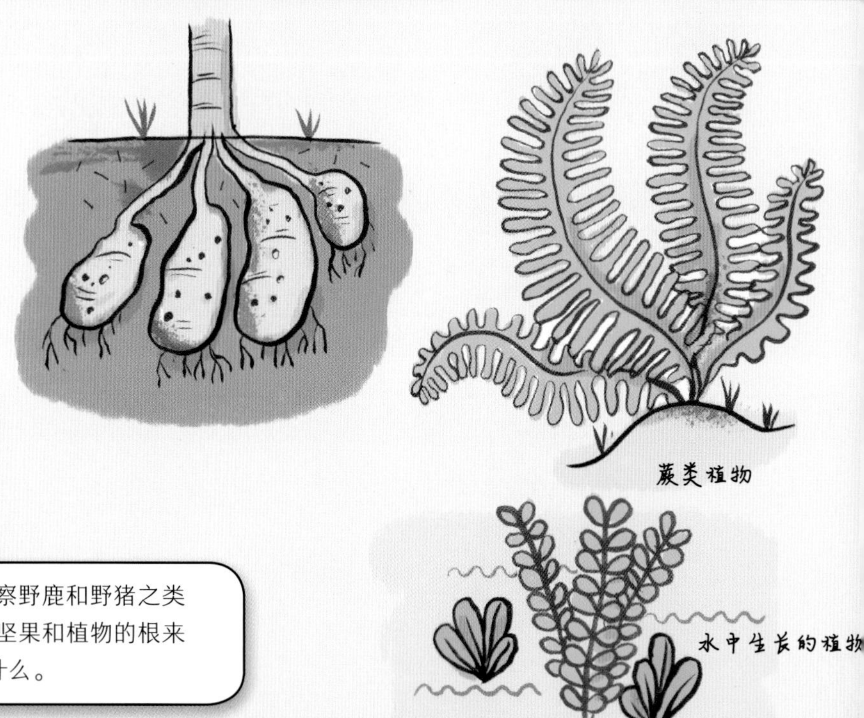

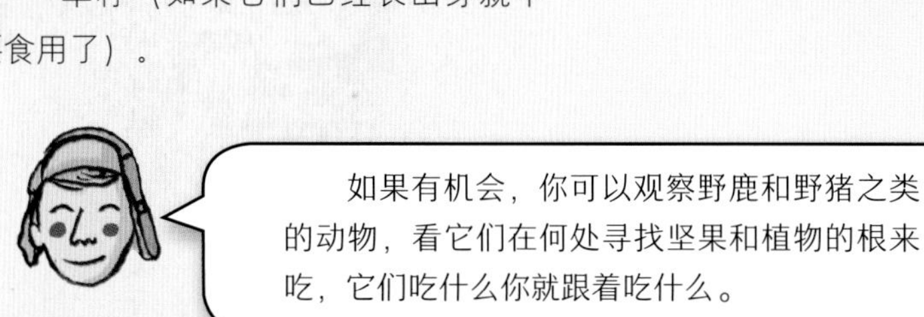

虫子也能吃

听起来可能很恶心，但是不少长着翅膀的昆虫、软绵绵的蠕虫以及一些爬虫都是可以食用的。在吃之前，记得把虫子的头丢掉，把其他部分扔进水里洗洗再吃。

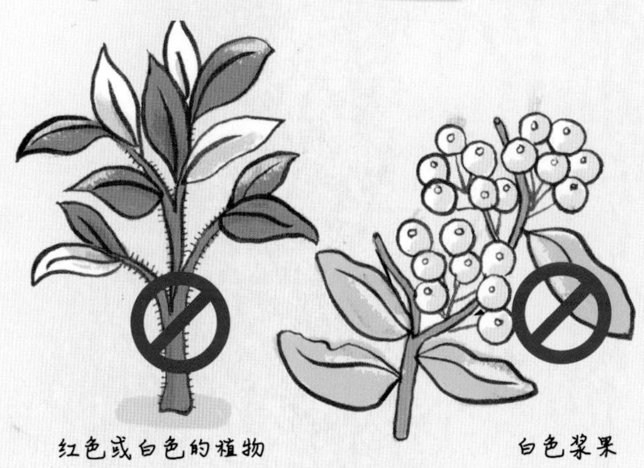

红色或白色的植物

白色浆果

蓝色和黑色的浆果

草籽

钓鱼——自制捕鱼器

山上、森林里通常会有河流或小溪。对探险者来说，淡水鱼是绝佳的食物。制作一个简单的捕鱼器可以更容易地捕鱼。你可以在家先做一个，然后到附近的小溪练练手（前提是那里允许捕捞）。

❶ 在大塑料瓶上面约三分之一处将瓶子剪开。

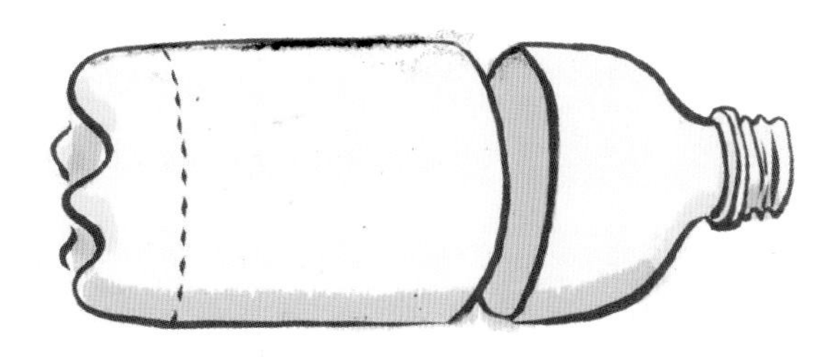

❷ 在瓶子的下半部分放一条蠕虫做诱饵。

❸ 将剪掉的上半部分瓶子小口朝下插进下半部分瓶中，记得要把瓶盖拿掉。

❹ 如果有小鱼通过窄小的瓶口游进去吃诱饵，它就可能落入陷阱，出不来了。

❺ 最后将瓶子放在溪水中合适的位置（最好放在小溪弯曲处，让突出的溪岸将瓶子遮蔽住），再用石头和树枝等固定住瓶子。然后，你就可以静静等待鱼儿来到了。

夏尔巴人

夏尔巴人主要居住在尼泊尔，登山能力特别强。他们身体强壮，能长时间背负很重的货物；在那种海拔很高的地区，他们也不会像大多数人那样出现身体上的不良反应。尼泊尔大约有3万夏尔巴人。在尼泊尔语中“夏尔巴”的意思是“来自东部的”，但实际上近代夏尔巴人来自中国的西藏。很多夏尔巴人都是登山天才，几乎所有攀登珠穆朗玛峰或附近喜马拉雅山脉其他高峰的探险队都会请夏尔巴人做向导，并请他们帮忙完成搬运行李等后勤工作。

传统生活

大多数夏尔巴人还保持着传统的生活方式：他们畜养牦牛（一种长着大角的长毛牛），用牦牛来驮重物，靠牦牛提供奶、肉类、毛线和生火用的粪便。夏尔巴人最喜爱的食物之一是shyakpa —— 一种用土豆和肉做的炖菜，平时他们喜欢喝用茶、牦牛酥油以及盐混合在一起的酥油茶。

山神

珠穆朗玛峰的名字在夏尔巴语中意为“大地圣母”。西方人则称珠穆朗玛峰为“额菲尔士峰”。夏尔巴人认为珠穆朗玛峰是神的家园，人类不能随便涉足。时至今日，在攀登珠峰之前，夏尔巴人都要举行一个很重要的礼拜仪式——“普迦”，探险队要为神明供奉祭品，以期得到神明的庇佑，成功登顶。

这一地区传统的祈愿幡也被称为“风马旗”，材料的颜色包括蓝色、白色、红色、绿色和黄色。

高原生活

夏尔巴人居住在山上的村落中，很多村子都位于海拔4000米以上的地方，这个高度几乎是帝国大厦的10倍，更是英国最高峰本尼维斯山的3倍多。仅仅是找这些夏尔巴人居住的村子，都会让大多数人感到头疼。山上没有路也没有车，夏尔巴人必须靠自己搬运所有东西，即便是电视和冰箱也不例外。一些夏尔巴孩子要走450米的崎岖山路——相当于爬150层楼去上课。

永不放弃

攀登雪山或冰山时最重要、最有用的两个工具是绳子和冰镐。了解如何使用这些工具，能帮助你到达别人从没去过的地方。还有，万一发生不妙，你急速下滑时，你应该知道如何使用这些工具自救。

强大的助手——冰镐

冰镐的模样很像鹤嘴锄或者锤子。冰镐的头部一边较钝，另一边锋利，镐柄的底部也十分尖锐，这样，冰镐就可以插入雪或冰中，让人能够维持身体平衡。冰镐大多时候被用来在冰雪上攀登时凿出一个支点，当然，如果你想找个地方躲躲，也可以用冰镐挖出一个雪洞。当你沿着冰雪覆盖的斜坡往上走时，每走一步就要在你站立的位置朝上坡的方向把冰镐的手柄插入雪中，这样可以让你不轻易下滑。

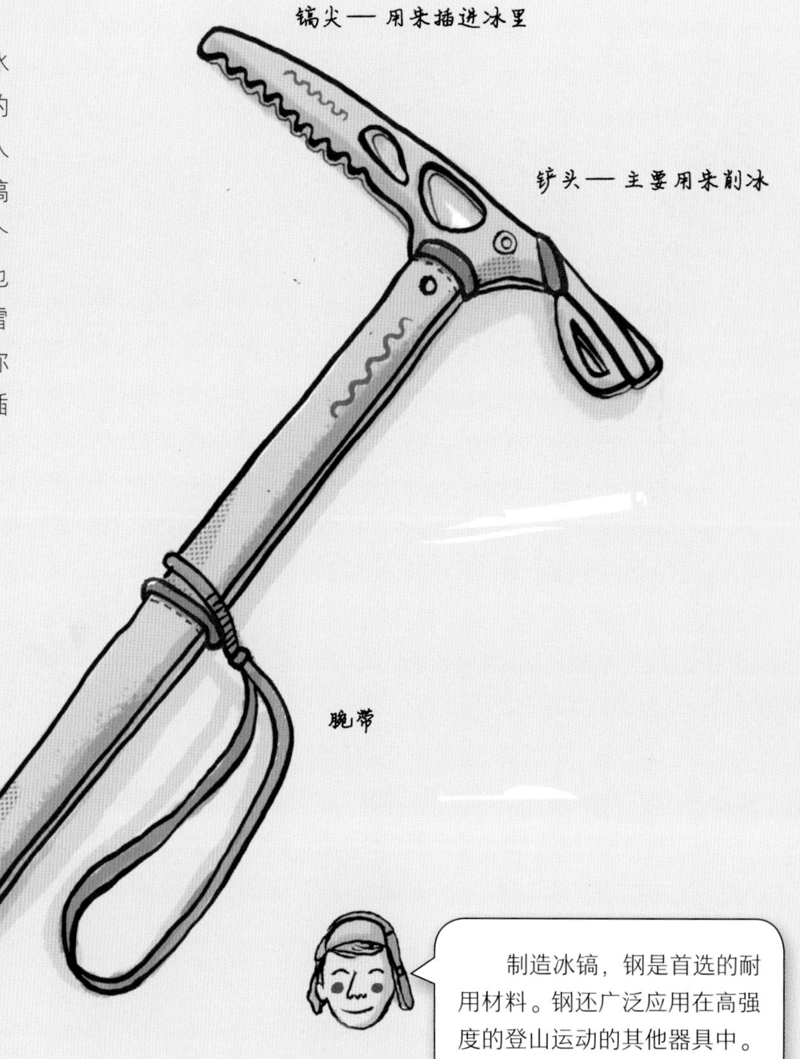

制造冰镐，钢是首选的耐用材料。钢还广泛应用在高强度的登山运动的其他器具中。

自我保护

如果你不小心摔倒了并开始沿着斜坡快速下滑，冰镐能救你一命，所以你得学会使用“自我制动”，动作要领是你要腹部贴地，调整你的脚朝向下坡的方位，把镐尖深深插在雪中，最终达到停止下滑的目的。在攀爬珠峰前你得好好练练这个技巧。

❶ 首先要镇定。顺着满是冰雪的斜坡快速下滑是非常可怕的，尤其前面是悬崖或尖锐的岩石时。但是如果你保持冷静，那么可能很快就会脱离危险。

❷ 双手紧紧抓住冰镐。

❸ 将身体斜向一侧，用力把冰镐镐尖那端插进雪里。

❹ 以镐尖为圆心，小心移动自己的身体，在雪地上画圆，调整到头朝着坡顶、双脚指向下坡方向的位置。

❺ 轻轻弯曲身体，膝盖和脚尖用力插进雪里，这时你的体重就会将冰镐深深压进雪层，你也就随之停下来了。

朋友的力量

登山探险最好是几个人结伴行动。如果你不能找到志同道合的朋友，何不聘请一位夏尔巴人同行呢？为何同伴这么重要呢？因为在这项需要帮助和默契配合的活动里，有伴远比你孤身一人更安全。比如在使用固定保护绳登山时，一人身上系着绳子爬山，另一人在下面拽紧绳子，如果登山的人不小心跌落，下面的人可以及时阻止严重的后果发生。

❶ 领头的登山者在往上爬时，腰上会系一根绳子，他在攀爬的全程都要安装设置好〝保护点〞（用绳子固定在岩石上的位置）。如果领头的登山者失足坠落，后面的同伴或者提供保护的人要迅速拉紧绳子，这样，领头的登山者最多坠落到第一个保护点的位置。

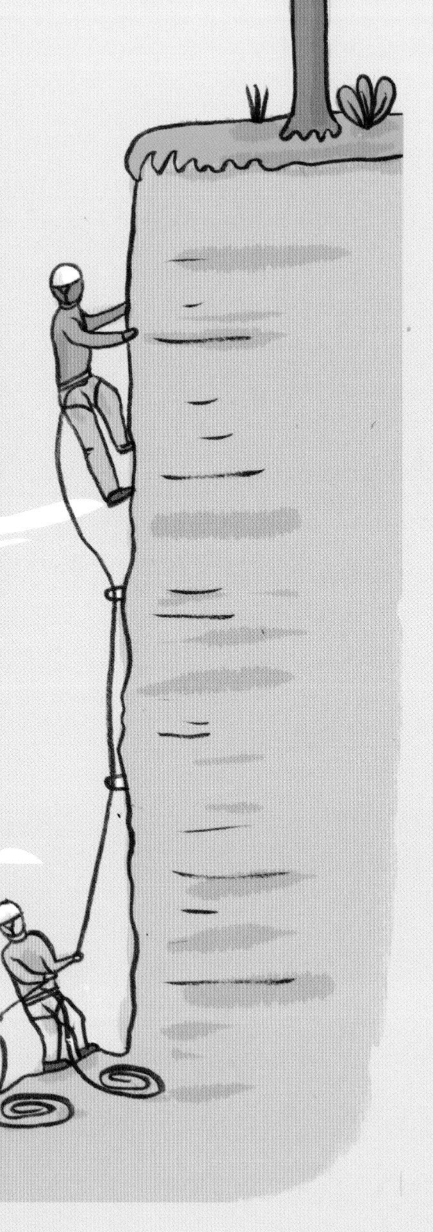

❷ 当领头的登山者到达山顶后，他要将绳子固定在安全的位置（比如岩石或者树上），保护他的人随即沿着领头的登山者安设的保护点往上爬。后面的其他队友再依次往上爬。

自己动手打结

野外探险时很多地方都要用到绳子，因此你必须练习打绳结。各种不同形式、不同用途的绳结对于探险者而言非常有用。无论是制造小船渡过食人鱼出没的河流，还是为了横跨深不见底的峡谷而搭建索桥，你都需要给绳子打结。下面这三种打结法要熟练掌握。

简易八字结

这种打结法可以在绳子的一端做出一个结实的绳圈，而绳结本身又不至于因缠得太紧而难以解开。

❶ 将绳子对折，对折产生的绳头绕过双股的绳索，这样就出现了一个绳圈。

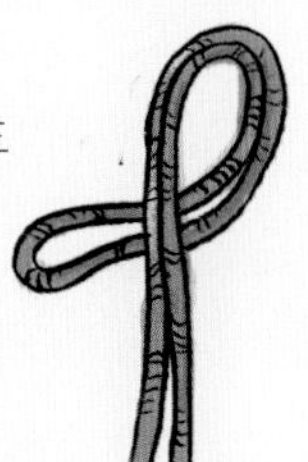

❷ 如图所示，将绳头绕过绳索后，从反方向穿入绳圈。

❸ 拉紧绳结。现在就做好了一个可以在类似树枝或登山扣上使用的八字结。

普鲁士结

普鲁士结在舒张状态下可以沿主绳滑动，而在压力作用下则会卡住不动。你可以用两个普鲁士结（一个系在脚上，另一个别在工具上）来缘绳向上攀爬。

❶ 在一根主绳上绕一个圈，将封闭的绳端向后从圈内穿出。

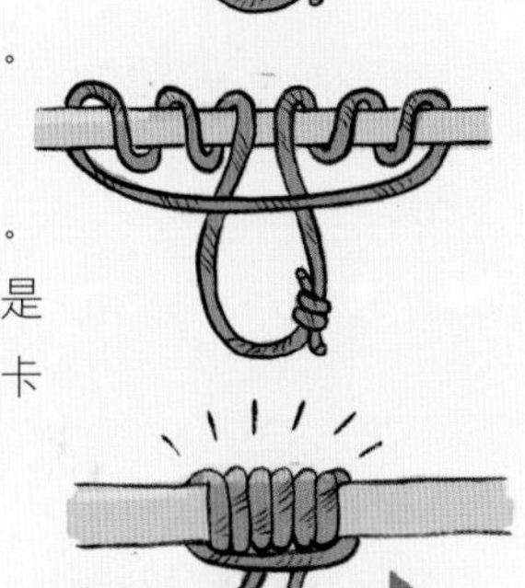

❷ 将以上步骤重复两次以上，这样在主绳上就会有几个绳圈，而下面还是一个大绳圈。

❸ 将所有的结聚在一起。在舒张状态下会来回滑动，但是若向下用力拉绳，结就会紧紧卡住主绳。

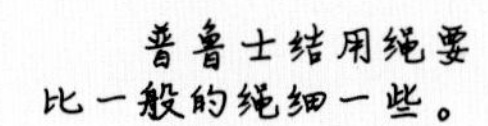

双渔人结

这种结可以将两根绳子紧紧系在一起（例如，在修理横跨峡谷的索桥时可能用到）。

❶ 将两根绳子并在一起。

❷ 每根绳子都分别绕着另一根绳子卷上两圈，方向如图所示。

❸ 将绳子的末端穿过绕出绳圈，再把两根绳子分别向两端用力拉紧，最后呈现出的会是两个"×"形状。

你知道吗？丛林中的大猩猩在制作藤床时也会打结。

雪崩

雪崩是积雪内部的内聚力难以承受所受重力拉引时，发生滑动奔涌，引起雪体崩塌的自然现象，雪崩的速度可达360千米/时，并会在其运动方向前方形成飓风级的风力。作为一名登山探险者，你需要知道如何躲开雪崩以及在不幸被雪崩困住时怎样自救。

可怕的雪崩

雪崩中的干雪崩是指干燥的雪从山上飞腾而下。雪在运动时破裂成块，呈粉状急速倾泻。不少死于雪崩的人都是因为雪崩发生时正处在突然滑动的雪层上，而不是受到来自上方雪崩的冲击。

警告！

大量的雪堆积在山的斜坡上时最容易发生雪崩，因此在暴风雪中或者下大雪后要特别注意。风的力量也会致使雪崩发生，因而要千万小心。

在阳光的照射下，向阳坡上的雪温度升高，相比背着阳光的坡面更容易发生雪崩。因而要尽快撤离存在雪崩隐患的区域，或者在背光的一侧山坡前进。另外，人自身的重量也会导致雪块的移动。如果你在雪坡上行走，脚踩的地方出现了裂缝，这就是危险发生的前兆，要快速离开斜坡，寻找更安全的路线。

如何在雪崩中逃生

❶ 雪崩发生时，要尽力远离雪崩行进的路线，或者在石头、树木等坚实的障碍物后面躲避。

❷ 如果在雪崩刚发生时被困住了，要努力向与雪崩行进方向垂直的方向快速移动。

❸ 务必捂住嘴，以免被粉状雪堵住嘴导致窒息。

❹ 一旦雪崩停止，雪流就会变硬、变坚固。如果你被困在雪流中，要努力朝雪流边缘移动，并力求处在雪流表面。

❺ 如果你不幸被雪埋住，一定要在面部前方清理出呼吸所需的空间。要在雪变硬之前迅速完成这个步骤。

❻ 被困在雪中时会迷失方向。你可以通过吐口水、小便等，观察口水、尿液滴落的方向来分清上和下。

❼ 如果你被埋得比较深，那么只能等伙伴来把你救出来。幸运的是雪层中包含70%的空气，但不幸的是你只有大概20分钟的时间逃生，否则你呼出的混浊气体会令你窒息。

全副武装，依旧危险

1953年，首次登顶珠峰的由亨特上校带领的探险队，装备中还有一架迫击炮，他们本来希望这架炮有助于炸开雪坡，清理危险的冰雪路障，结果却造成了雪崩。最后，探险队员只能拿迫击炮来放烟花了。

死亡地带

对于探险者而言，雪山充满着无限神秘，也存在各种危险，比如探险者可能身体会生病，或者行进时遇到冰裂缝。最危险的环境之一是“死亡地带”，也就是海拔8000米以上的区域。人类几乎无法在那里生存。甚至可以说，你在这个地区多待一分钟，就离死亡更近一步。

厄运裂缝

冰河是冰冻的河流。高山的深谷里通常会有冰河，而你又不得不从那里经过。冰河在受力而弯曲伸展时造成冰面破裂，就会形成冰裂缝，冰裂缝虽窄但往往很深，它的危险之处在于表面常常被雪掩盖，人容易掉进去。万一掉进了冰裂缝，你可能永远都出不来了。所以即使身处一支专业队伍之中，你也最好绕过冰裂缝前行。此外，行进时最好所有人都拴在结实的绳子上一起走，这样一旦你掉进冰裂缝，你的队友还能把你拉上来。

严重疾病

人到海拔高的地方时，往往难以适应当地的自然环境，就会出现高原病的症状。众所周知，人需要充足的氧气才能生存，而海拔越高的地方氧气越稀薄。在那里很快你就会感到疲劳，思路不清晰，出现幻听、幻视等。你甚至会有脑水肿的危险，这可是会置人于死地的。因此，你要花一些时间来适应高海拔地区的环境，往高处去时不要太急，每天行进一点就可以了。

治疗急性高原病最好的方法就是尽快下山。

不可能完成的任务

要征服珠峰和其他海拔在8000米以上的高峰，你最好随身携带氧气。如果不带氧气还想活着回来，那么你上下山的速度要足够快才行。1978年，赖因霍尔德·梅斯纳尔和彼得·哈伯勒首次不携带氧气瓶成功登上珠峰。其实，早期的英国探险家认为登山携带氧气瓶是违背运动道德的，1922年珠峰探险队的一位组织者称那些携带氧气瓶登山的人是“无赖”。

梅斯纳尔说，在珠峰之巅，他“除了急促喘息的肺，感觉不到任何东西”。

怎样滑进一座火山

火山是地壳的一条裂缝，地层深处的高温岩浆、火山灰和气体通过这条裂缝喷发而出。火山是探险者们向往的地方，不仅因为那里有许多亟待发现的科学之谜，更是因为至今为止没有多少人进去过（当然还得能从里面活着爬出来）。

火山带

典型的火山一般都有一个火山锥，由火山灰和已经冷却成固体岩石的岩浆构成。火山锥的顶部是火山口，大部分岩浆、火山灰和气体从这里喷出。某些火山的火山口底下的裂缝仍会有高温蒸气和有毒气体喷出；某些火山的火山口四壁已经冷却成固体岩石，并形成一个熔岩湖，但是在湖泊的地下深处，压力仍会慢慢堆积，等待爆发。

注意脚下！　当心岩浆喷出！　防毒面具必不可少！

绳降的基本步骤

❶ 绳降的准备工作很简单，你只需准备一条结实的绳子，但至少要有你准备下降的峭壁的两倍长。

❷ 把绳子对折，并打成环状，把绳环缠绕固定在一个非常坚实的地方（比如一块大石头），作为你的固定点。

❸ 面朝固定点，将两股绳子从两腿中间穿过去，并绕在右侧大腿的后面。

❹ 把绳子朝上拉，绕过你的前胸和左肩膀，再从后背垂下去，同时要使你能在前面用右手抓住它。

❺ 慢慢退到峭壁的边缘然后往后靠，右手慢慢放下绳子，确保你向下移动时身体与岩壁的角度不会让你过度后仰或前倾。

❻ 如果下降速度太快，可以将拉着绳子的右手移到胸前以控制速度。

绳降火山口的注意事项

你需要一些合适的装备，包括一套安全吊带和一个下降环，一套隔热的服装和靴子，可以的话，再带上一个氧气面罩。在进入火山口之前要仔细检验是否有毒气体。至于这个火山会不会突然喷发，还要事先听听专家的意见。

“地狱之口”

位于南极洲的埃里伯斯火山是世界上最神秘的火山之一。1908年，沙克尔顿与同伴探访这座火山时，看到在火山口底部有一个小熔岩湖并有大量蒸气涌出。而到了1955年，火山口中只有一些岩石。但是在1974年，一支新西兰科考队去极地探险的时候，发现火山口中满是岩浆。他们尝试沿绳下降到火山口去收集一些熔岩，但是熔岩湖喷发，不断向他们投射岩浆炸弹，致使他们匆忙逃离了这片危险区域。

进入火山口到底安不安全，
一定要先听听专家的建议。

珠峰探险者

珠穆朗玛峰缔造了很多传奇，其中包括1924年马洛里和欧文的探险，以及1953年希拉里和丹增的登顶。马洛里和欧文在完成这项计划时不幸遇难，因此目前难以确定他们是否成功。而希拉里和丹增成为公认的首次登上珠峰的人。

防冻护指好工具

探险家大卫・亨普曼－亚当斯建议在攀登雪山的时候随身带一支铅笔。用铅笔摩擦拉链可以起到润滑的作用，防止拉链被冻住或者粘住。此外，这样也能让你避免因为脱下手套而冻伤手指。

为梦想献身

乔治・马洛里是他所处的时代最伟大的登山家之一，而桑迪・欧文是一位使用氧气设备的专家。氧气瓶这一新技术的应用无疑让无数探险者进入死亡地带成为可能。但当时很多情况都对他们不利。他们背的氧气瓶很重，而且发生了泄漏，所以他们很有可能是缺氧而死。那一段的气候也不太好，预报说有暴风雪。但马洛里还是决定尽力试试。他们通过一条艰难而崎岖的路线实现梦想，最终将全身心都献给了世界第一高峰。

世界之巅

1953年，英国探险队成功登上珠峰峰顶。这是一支组织良好、准备充分的队伍，组织者是约翰·亨特上校，他优秀的指挥能力能确保每个人都分工明确且各司其职。队员配置有最好的装备：专门定制的靴子、帐篷和氧气瓶；还有一些科学家帮他们制定了合理利用氧气的方案。队员们还运用了很多小技巧，比如用梯子越过冰缝（这种方法现在仍然有人使用）。他们取得成功最重要的原因是团队成员间的互相配合，有些成员在登山的同时还承担着载物任务。在每个人的努力下，埃德蒙·希拉里和夏尔巴人丹增·诺尔盖最终成功登上了世界最高峰的峰顶。

一定要活下去！

通常，山地探险者进入山区都会携带大量装备和物资。试想一下，一个什么都不带的人进入山地后会怎么样？如果是你被困在山上，孤立无援，你能努力活下来吗？

安第斯奇迹

1972年，一架载有45位乘客的乌拉圭客机在安第斯山脉失事。一部分乘客当场死亡，剩下的人和失事的飞机又遭受雪崩的侵袭。但最终还是有16个人存活了72天之后获救。在那些日子里，为了活下来，他们只能吃自己同伴和亲人的尸体——因为没有别的东西可以吃，大家别无选择。最后，两名幸存者把飞机残骸上能用来御寒的材料缝在一起做成睡袋。经过数天翻山越岭的艰苦跋涉，他们来到雪线外的河谷地带找到了援助，16名幸存者全部获救。

触摸巅峰

1985年，英国登山家乔·辛普森和西蒙·耶茨计划从西侧攀登安第斯山脉秘鲁境内的修拉格兰峰，此前还没有人从这一侧攀登过。当他们成功登顶后下山时，灾难发生了。辛普森穿越横断山脊的峭壁时不小心滑倒，摔断了一条腿。为了从峭壁下到谷底，耶茨只能用绳索把辛普森放下去，由于绳索长度的限制，辛普森被悬在了半空中。最后，为了避免动弹不得的两个人都被暴风雪吞没，耶茨被迫剪断绳索。辛普森重重地摔在了一个冰川的裂缝里，但他奇迹般活了下来。他知道耶茨这么做一定是以为自己早在寒冷与黑暗中死去了，辛普森忍着剧痛攀着绳索往上爬，爬回了冰川上，终于他以难以想象的毅力一步步爬回了营地。他在没有补充任何食物的情况下，用了三天时间完成了这项不可思议的壮举，无论如何，辛普森最后终于成功了。

你有足够的意志力去完成不可能完成的事情吗？

来试试吧：

动手制作救援信号

如果你在类似的复杂地形中遇到危急情况需要救援，就必须在地上摆出救援信号，好让别人在空中能够看见。你不妨在家里的后院试试这几种简易方法：

- 把任意三个东西摆在一起就是最基本的国际通用救援信号。比如，用三堆白色的石头摆出一个等边三角形。
- 用浅颜色衣服、白色石头或者树枝在地面摆出信号。“V”表示“需要救助”，“X”表示“需要医疗救助”。
- 注意：这些信号至少要2米宽，6米长。

信心满满，扬帆起航！
哪种船能够带着你
穿越急流险滩？
宝藏在哪里？

海洋与河流

现在，你孤零零地坐在一个小木筏上，在一望无际的大海上漂流。毒辣辣的太阳烤得你浑身像着了火，你把湿乎乎的布拧紧，用力挤出里面最后一滴水喝了下去。假如一只海鸟突然掉落在你面前，你是猛地扑上去拧断它的脖子喝它的血，还是会把它放了，让它带你去一座孤岛探访一个部落（那里的人知道海盗的宝藏埋在哪里）？

探秘之旅

想不离开地球就能探索类似外太空的那种深邃与神秘吗？水世界是最好的选择。海洋对人类来说既熟悉又陌生，既奇妙又充满危险。所以水也是探险家们的好朋友。坐船在水上穿行能发现很多未知的地方。你是否要尝试一下这种挑战呢？

穿梭在亚马孙河上

世界上最长的河流是尼罗河，但是流域面积最广、流量最大的河是亚马孙河。亚马孙河是探险家们乘船遨游的天堂。你敢依靠皮筏进行一次6400千米的旅行吗？在这个过程中你要避开食人鱼、鳄鱼和水蟒的袭击，还可能发现科学家们都不知道的新草药和一些珍奇动物，比如大水獭或是粉色海豚。

身在何处

探险家们总是喜欢逃离尘世的喧嚣，去寻找一个安静偏僻的小岛。大西洋南端的布维岛被认为是世界上距离大陆最远的岛屿。这座火山岛距离南极洲海岸约1600千米，距离最近的人类居住的地方约2200千米。而同样位于南大西洋的特里斯坦-达库尼亚群岛是最偏远的有人类居住的岛屿，大概处于南非西海岸和南美洲东岸的中间位置。你有信心航行到那里并且登上去看看吗？

渔民的心头大患

海洋里有很多大型鱼类。如果你只是在河里探险，完全不用担心被它们吃掉。可是，如果在湄公河遇见巨鲇鱼，你可要多加小心。这种生活在淡水里的怪兽可能有2.7米长，300千克重，跟一头灰熊差不多大。如果你去东南亚的湄公河流域探险，可能会遇到这种鱼。

寻宝者

寻宝也是一种探险，它同时具备了海盗、沉船和寻找黄金等因素，因此有极大的挑战性。无论是进行科学研究，还是研究历史，很多人都有兴趣去寻找那些过去时代的金币和沉船。要知道，全世界的海洋里有超过300万只沉船，很多沉船里面有宝藏，不少沉船上的宝藏价值分别都超过10亿美元呢。比如，1715年，一支由11艘船组成的西班牙寻宝舰队在美洲新大陆佛罗里达海岸因为遭遇了飓风，其中10艘受损沉没，其中装载的最值钱的宝贝——西班牙王后的聘礼都没有找到。你能成功躲过海上风暴和巨大洋流，避开鲨鱼的攻击，找到那些价值连城的珍贵珠宝吗？

探索之船

漫无目的地在浩瀚的海洋上漂流，或者勇往直前地朝自己的目的地顽强进发，都是十分勇敢的行为。当你和可怕的风暴、巨大的海浪、不时出现的海怪以及可能染上的坏血病搏斗的时候，这种勇敢表现得尤为淋漓尽致。在海上，你的性命能否保住大多数时候取决于你乘坐的船是否坚固。

探险家的船

如果你是一位富有又懂得享受的探险家，你一定会计划着在自己的豪华游艇装上一个小型的潜水艇，一个直升机起降场（当然你要有直升机），还有一个水上飞机弹射起飞装置。当然，如果你更喜欢传统经典风格的独自旅行，那么你很有可能对以下三种船感兴趣。

❶ 帆船

想象你有一只小帆船，上面带有舒适的小屋和能让你自由操控的风帆设备。从前独自环游世界的探险家们往往喜欢乘这种船。现代的探险家们则还可以在这种船上充分利用一些先进技术：比如你可以用卫星跟踪系统随时确定自己的位置，用卫星电话跟基地的人员保持联系，还可以用声呐和雷达躲避障碍或寻觅沉船。

❷ 越洋划艇

你会不会创造一个纪录，成为世界上最年轻的乘划艇跨洋越海的人呢？真要那样的话你需要的是这样一艘特制的船：它要有一个可以抵御风暴、可以在里面安心睡觉的防水的小屋，还要安有可滑行的座椅，可以让你划很长时间的桨也不会感到累。

❸ 救生筏

当情况变得不太妙的时候，你会发现自己需要一只救生筏。现代的救生筏有可以遮风挡雨的帐篷，有可以从海水中提取出饮用水的水泵，还有无线电信标机，以方便救援人员找到你。当然你还需要知道如何在海上生存。

不同历史时期的探险家们使用的船只

最早的海洋探险家是第一批离开非洲大陆的人，他们中的一些人乘船来到了阿拉伯半岛、印度、印度尼西亚和澳大利亚等地。之后，航海技术迅速发展。

远古时代：独木舟。由原木挖空做成，能非常靠近海岸或抵达近海岛屿。

8世纪：克勒克艇。这是一种用橡木或白蜡木做成框架，外面再以兽皮包裹而造出的简易小船，它只有一根桅杆。790年，爱尔兰修道士就是乘这种船到达冰岛的。

9—13世纪：边架艇独木舟。它是在独木舟的一侧或两侧，加装与独木舟同向的舟形浮材。波利尼西亚人曾用单边架艇独木舟遨游在太平洋中几千千米范围内的岛屿上。

9—11世纪：维京长船。这是一种两边有着高高尖头的长木船，配备有一个帆和数对桨。这种船的船舱非常浅，因而可以在河上畅通无阻，同时，它们也可以在无边无际的大海上乘风破浪。

1405—1433年：舢板船，中国式平底帆船。其中有一些体积是非常大的，比如中国明代时航海家郑和率领船队出航时乘坐的帆船。他的船队最远到达过非洲。

1450—1600年：卡拉维尔帆船（小吨位轻快帆船）。一种非常结实的帆船，圆船舱，高船尾，有两个大大的三角帆。这种船最初由葡萄牙人发明出来，用于在非洲大陆海岸航行，最终到达亚洲和美洲大陆。这种船极有可能是海洋探险史上设计最佳的一种。

1691年：潜水钟。用于水下探险的球形金属潜水装置，它们早期被设计成钟的形状。这种潜水装置的基本技术原理在2000多年前就得到了实践应用，1691年英国天文学家艾德蒙·哈雷（没错，就是计算出哈雷彗星公转轨道，并准确预测出它再次回归时间的哈雷）设计了这种专门用于探险的潜水装置——潜水钟。

1768年：运煤船。一种专门用来运送煤炭的船。18世纪时，这种船已经相当结实了，英国航海家库克船长就是用这种船完成了他的第一次海上探险任务。库克船长将他的船改名为“奋进号”，驾着它环游了世界，并在波利尼西亚、新西兰和澳大利亚等地进行了探险。

1947年：巴尔沙木排。巴尔沙木也叫西印度轻木，1947年挪威探险家托尔·海尔达尔用巴尔沙木建造了一只叫作“康提基号”的木筏，在南美洲的秘鲁出发并用它航行到波利尼西亚。

1960年：潜水器。一种能潜水并能在深水中承载巨大压力的船。1960年美国海军的“的里雅斯特号”是第一个到达地球表面最深的地方——太平洋底的马里亚纳海沟的潜水船。

1968年：百慕大双桅纵帆船。一种体积很小的双桅帆船。1968年6月至1969年4月英国人罗宾·诺克斯-约翰斯顿的双桅纵帆船“苏怀丽号”进行了单人不间歇的环球航行。

2012年：深海潜艇。好莱坞著名电影导演詹姆斯·卡梅隆在2012年驾驶单人潜艇“深海挑战者号”到达马里亚纳海沟底部。

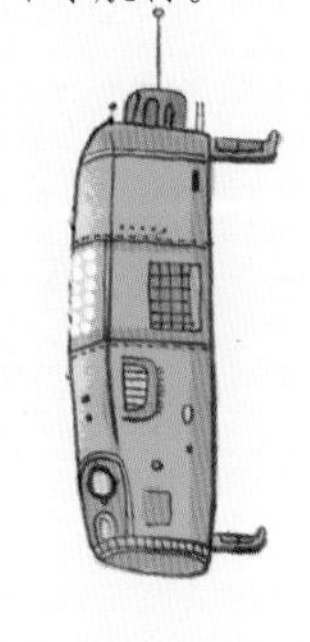

波利尼西亚人

波利尼西亚人是太平洋南部波利尼西亚群岛地区的原住居民。波利尼西亚群岛地区包括太平洋上的大片海域以及一些岛屿，比如夏威夷、新西兰和复活节岛等，因此波利尼西亚人又包括夏威夷人、汤加人、图瓦卢人、塔希提人等等。波利尼西亚人擅长导航，他们能在海上航行很远的距离却不会迷路。这些伟大的航海家留下了很多实用的知识传授给正在接受挑战的航海者们。

海洋连接了我们

波利尼西亚人本来是太平洋西部的一些小岛——大概就是今天的新几内亚周围的小岛的居民。大约3000年以前，第一批波利尼西亚人来到了汤加群岛和萨摩亚群岛，在那里定居。他们创造了独特的文化，还发明了一些导航技术。凭借这些技术，他们发现了几千千米以外的新岛屿，并开始在这些岛屿之间穿梭。尽管这些岛屿相距很远，但是波利尼西亚人并不认为海洋分隔了它们，相反是海洋把它们连接在一起。

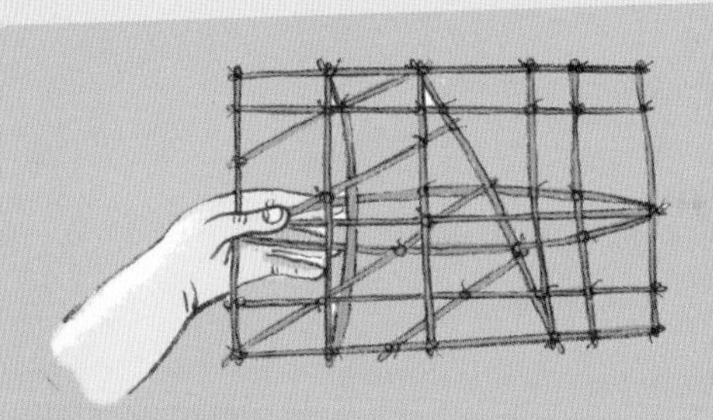

木棍图

波利尼西亚人的邻居——密克罗尼西亚人会用一种木棍搭制的海图作为导航图在太平洋上航行。这些木棍可以表示岛屿、风向和洋流等。

制作和使用木棍海图可是一个机密，一般都是父亲传给儿子。

指路法

指路法是波利尼西亚人所掌握的一种航海术，换句话说，指路法就是在不借助罗盘、钟表、卫星追踪器和其他仪器的条件下在浩瀚的海洋中找到星点陆地的一些诀窍。下面是其中几种：

- 识别航线标识——航线标识就像水里的标识牌一样。如果你会看，就知道水纹的波动、海水的颜色及海水上下翻涌的样子分别代表什么含义。
- 了解恒星和星座，根据测量出的它们与地平线的距离来确定自己的位置。
- 仔细看周围环境——鸟、海里的动植物和其他一些大自然的指示牌会告诉你你离陆地还有多远，下一步该往哪个方向走。
- 掌握风和洋流方面的知识——利用它们来推动你朝目标中的小岛前进。
- 观察云层——一般每个小岛上空都会有不同的云，远远地就能看到。

燕鸥飞翔

在大晴天里，你可能会看见16千米内的燕鸥在一望无际的海洋上空翱翔，实际上，它可以飞离自己的居住地50千米那么远，先别惊奇，军舰鸟通常可以飞离居住地160千米呢。

海上风险

广阔的海洋虽然充满了神秘的乐趣，但并不是适合你的生活环境——你不能在水下呼吸，也不能像在水里生活的动物一样毫不费力地不间断游泳。而且，地球大部分水域的水温很低，如果浸泡其中，你的身体会很快失去热量，可能不到几小时你就会被冻死。

被穿了个洞

对你的船来说，最大的危险就是被岩石、暗礁或者冰块砸出一个洞。因此在航行过程中，要尽可能使用最好的航海图，避开岩石和暗礁。而且千万别驶进遍布冰山的海域，如果非要进去，一定记住：这些冰山暗藏在水下的部分远远大于显露在水上的部分，所以一定要远远地绕过去。

晕船

听那些老水手说，晕船一般有两个阶段：

阶段1：你特别难受，觉得自己快要死了。

阶段2：你太难受了，觉得自己还不如赶紧死了。

上船时，别忘了带上几片晕船药。

大战鲨鱼

尽管鲨鱼很可怕，但是在无尽的大海上，比起被鲨鱼吃掉，你被闪电击中的概率可能还更大些。在鲨鱼遍布的水域，尤其是在光线很暗的时候，千万不要游泳，也别把手脚伸出船外。要知道，在奥林匹克运动会比赛用的那么大的游泳池里，即使有一滴血鲨鱼都闻得到。所以，如果你身上有伤口，更要非常小心。

如何反击鲨鱼：

❶ 在海里突然遇到鲨鱼时，不要在水里扑腾，也不要惊慌。不然鲨鱼会把你当成一条受伤的鱼，就更会袭击你了。

意外事故

危险无处不在。1903年，法国探险家让－巴蒂斯特·夏古率探险队在南极探险时带了一只宠物猪，名字叫阿斯克·托比。托比因为吃了一大桶鱼而死亡——它没有等人先把残留的钓鱼钩取出来。

海上风暴

作为一个优秀的水手，你得学会应付海上风暴，要不然你没法到达南美洲最南端的合恩角，也没法穿过比斯开湾到达美丽的法国。学会观察风暴的前兆，比如风暴要来时，海水起伏的幅度会越来越大，天空颜色也会有所变化。先抓紧时间把帆收起来，免得它被狂风吹成碎片，再抛下船锚。这样你的船才能在惊涛骇浪中保持平衡，你也不会掉到水里。

❷ 慢慢地朝船或者岸边移动。

❸ 如果你身边还有同伴，两人一定要背靠背，这样鲨鱼就不会悄悄靠近你。如果你离岩石或暗礁很近，就把背紧贴在上面，这样会安全一些。

❹ 在鲨鱼向你发起攻击时，一定要回击！对准鲨鱼最敏感的部位——眼睛或鳃，用任何你能找到或者想到的武器，迅速地用力戳下去。

迷失在海上

糟糕！一头巨大的鲸鱼不小心把你的船撞了一个洞，冰冷的海水已经涌进了船舱，这真是场噩梦！你还有不到一分钟的时间来带上所需要的东西，跳下这艘快要沉没的船。再迟一些，你也要跟着船一起葬身海底了。

弃船逃走

探险者必备的物品之一是救生袋，就是装有一些生存必需品的结实口袋。里面要有手电筒、干衣服、保温垫、应急食品、简单的打捞设备、信号镜和信号弹等。在紧急情况下，你要立刻吹起救生筏，抓起袋子赶紧逃！

潘濂的奇幻漂流

英国海军常常给他们的船员讲潘濂的神奇故事。中国人潘濂曾在一艘英国货船“贝洛蒙号”上做侍应生。第二次世界大战期间，这艘英国货船在巴西海岸附近不幸被德国潜艇的鱼雷击中，潘濂在一艘木制救生筏上顽强地生存了133天。他用他的聪明智慧获取淡水和食物，一直坚持到漂流至巴西海岸才最终获救。

来试试吧：

动手制作指南针

准备一根针、一块磁铁，一个软木塞、一把钳子、一个顶针和一碗水。

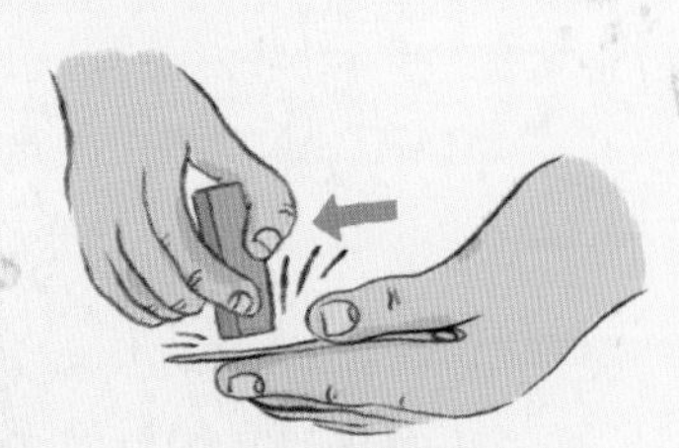

❶ 将针放在磁铁上摩擦几下，注意要朝着同一方向。

❷ 用钳子和顶针把针从软木塞中间穿过去，这可能要费点工夫，可能还会有一点难。如果你觉得这样太麻烦，也可以在软木塞上刻出适合放一根针的凹槽，再把针小心地嵌进去。

❸ 在桌子上放一碗水，让软木塞浮在水面。它经过轻微转动后，停下来时针的两端会分别指向南北方向。这样，你的指南针就做好啦。

生存要点

•千万别喝海水。海水很咸，反而会带走你细胞中的水分，只会让你越喝越渴。

•如果没有足够多的水，那就先忍着不要吃东西。要知道消化食物也需要很多水。

•第一天先不要喝水，让你的身体进入储水状态。

•避免暴晒，可以在皮肤上涂一层鱼肝油。但先要把鱼肝在太阳下晒干才行。

•鱼眼睛、鱼骨头和鱼肉都含有大量水分。把鱼眼睛和鱼肉生吃掉，然后用布使劲挤压鱼骨头。

•如果你觉得太热，就拿一块布在海水里泡泡，然后缠在脖子上。

•鸟血和乌龟血也可以饮用。

荒岛求生

鲁滨孙·克鲁索是英国作家丹尼尔·笛福小说中的一个著名人物。他在自己所乘坐的船失事后，流落到一个杳无人烟的荒岛上。鲁滨孙在那里顽强地存活下来，并生活了近三十年。虽然鲁滨孙的故事是笛福根据真实事件得到的灵感而创作出来的，但是千万别以为在荒岛上生存是件容易的事。

荒岛上的菜单

跟在其他荒僻地方求生的顺序一样：找住所，找水，找食物。在荒岛上生存，还需要格外注意预防中暑、晒伤以及被暴风雨淋坏。如果岛足够大，应该会有小溪或山泉等。没有的话你就去找些椰子、竹子、葡萄藤或香蕉树，这些植物会提供给你可饮用的水。别吃暗礁里的鱼，因为很可能会中毒；可以吃螃蟹、龙虾、海胆、海参、贻贝、藤壶和海蛞蝓等，还可以把海草在清水里冲洗干净后煮着吃。

怎么打开椰子

椰子汁既美味又有营养。当你找到了一个绿色的椰子，先用力切掉一头的皮，里面棕色的部分很坚硬，不容易打开。你可以把一截粗木桩插在地里，将向上的一端削尖，然后把剥出棕色毛茸茸硬壳的那端用力向木桩的尖砸去，就可以喝到甘甜清凉的椰子汁了。

漂流瓶

要想尽快得救，你需要用火堆摆出一个等边三角形，这是国际通行的求救信号。或者用镜子的反光向过往飞机发出求救信号，当然你也可以在瓶子里塞张纸条，把它封好扔进海里。别妄想很快会有回音。尽管海水不会渗进瓶子，但木塞可能会松动或者被腐蚀掉，而且瓶子也许会在靠岸的时候被岩石撞碎。如果赶上洋流，它可能会漂到海洋中任何一个地方。2006年，有人在苏格兰以北的设得兰群岛发现了一个1914年从北海中部丢下的瓶子——足足漂了92年！但愿里面不是谁的求救信。

亚历山大·塞尔柯克

鲁滨孙·克鲁索的原型是苏格兰水手亚历山大·塞尔柯克。1704年，塞尔柯克在一艘从事海盗行当的船上当领航员，他觉得以船长的指挥能力迟早会把船弄沉，于是，在经过一个很小的无人居住的小岛附近时，他要求带着自己的东西下船。这个岛名叫马斯蒂拉岛（现在叫鲁滨孙·克鲁索岛），离智利海岸675千米。在希望回到船上却遭到拒绝后，塞尔柯克坐下来，一边阅读《圣经》，一边等待船只经过。很快，他就意识到这个地方没有人会来。直到四年多以后，塞尔柯克才被一队过往的船只营救。那时他都成一个穿着羊皮的“野人”了。

塞尔柯克还交了几个野猫朋友，它们在夜里会帮他捉老鼠。

说走就走

在探险史上，最伟大的人物要数那些进行发现之旅的海上探险家。他们都是勇敢的人，凭借一艘帆船就可以穿越广袤的海洋。没有人知道海的另一边会是什么，他们的探索行动就像现在的人探索外太空一样。

哥伦布带来的灾难

克里斯托弗·哥伦布因为发现美洲大陆而为世人所熟知，虽然早在13000年前，史前移民——也就是后来的美洲印第安人早就发现过这块大陆（北欧海盗也在公元1000年左右到过那儿，波利尼西亚人可能更早到达），但这些都不能掩盖哥伦布是一位伟大的探险家的光环。哥伦布的出生地位于现在的意大利境内，他在西班牙国王和王后的支持下率领船队向西航行，哥伦布坚信这样一定能找到通往亚洲的另外一条路。1492年，哥伦布的船队从西班牙出发，并到达了今天的巴哈马群岛，又在现今的古巴和其他一些小岛上进行了探险。在1493至1503年期间，哥伦布又进行了三次发现之旅，然后回到西班牙。对美洲土著和加勒比人来说，哥伦布的航行是灾难，因为他带去了疾病和死亡。

来自中国的无敌舰队

郑和是历史上伟大的探险家之一，虽然很多人都不知道他的名字。他是中国大明朝时掌管内史名籍的内官监太监。1405年到1433年，作为皇帝亲命、肩负大规模远航探险以及联络途经各国的外交和贸易的官员，郑和率领舰队进行了7次远航，并曾穿过东南亚，到达了印度和非洲。这个规模惊人的无敌舰队由200多艘木帆船组成，其中包括60多艘大船，有些大船长度超过80米。

远航的队伍一度达到27000多人的规模，据说随行的医生就有140多人。

“康·蒂基号”远航

挪威探险家托尔·海尔达尔被一个波利尼西亚传说吸引，说波利尼西亚人的祖先太阳神康·蒂基是从太平洋东岸漂洋过海来到这里的。海尔达尔想证实这个传说的真实性，于是在秘鲁用9根巴尔沙木制作了一只14米长的木筏，上面还有一个船舱和一根桅杆。他把这个木筏命名为“康·蒂基号”，这是取自印加太阳神的古名字。1947年他和同伴乘坐这只木筏从秘鲁卡亚俄出发，漂了将近6500千米，终于到达了波利尼西亚群岛塔希提岛附近的几个小岛。

海底世界

技术的发展使探险家深入海底成为可能。最初探险家们只能在浅水里停留很短的时间，而现在他们都可以在海底待很久了。海底是地球探险的最后一块禁地。有人说，我们对海底的了解还不如对月球表面的多。

往下沉

如果想到水下探险，你可以根据希望到达的深度的不同来做出不同的选择：

浮潜。浮潜时你只是浮在水体表面，一边通过潜水面镜朝下看，一边通过水下呼吸管来呼吸。游得更快些。

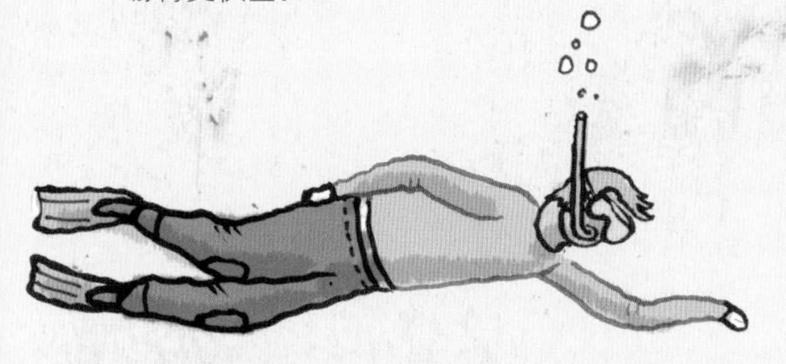

潜水衣。与潜水钟原理相似。或者说基本上就是一个微型潜水钟，头罩护住你的头部，让你呼吸到新鲜空气，四肢则可以随意活动。

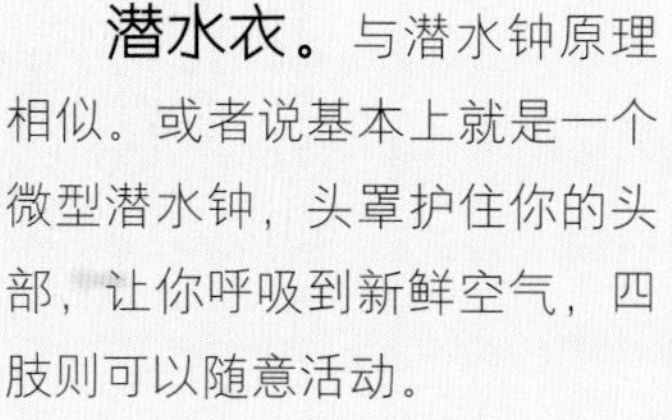

水肺潜水。进行水肺潜水的人需要携带一个填充了压缩空气的气瓶。有了它，你可以像鱼一样在水中自由游动。

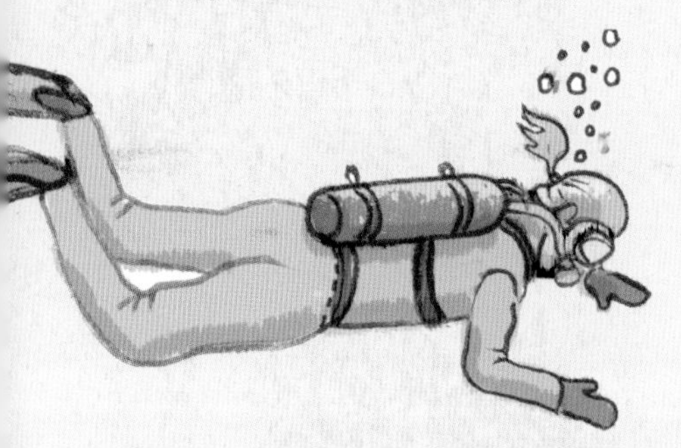

潜水钟。这运用了一个简单的物理原理。如果你把一个杯子扣在水盆中，里面会留有一部分空气，潜水钟也是同样的道理，而且会有接进来的软管为你持续提供空气，这样你就不用担心在水下的呼吸问题了。

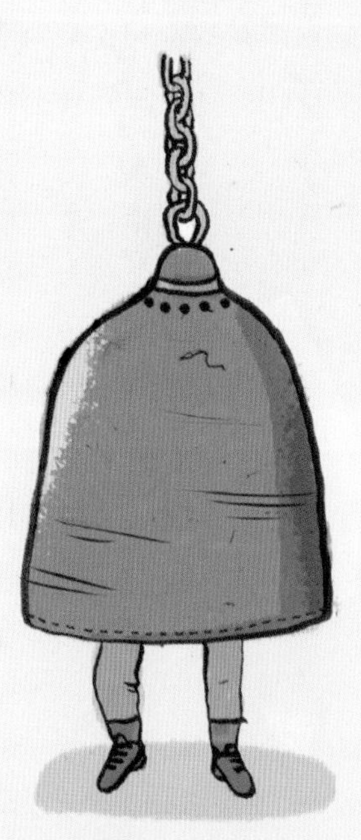

潜艇。在水下可以自由运行的舰艇就叫作潜艇。目前世界上最先进的探险潜艇要数电影导演詹姆斯·卡梅隆参与设计制造的〝深海挑战者号〞了。2012年，这艘潜艇下潜了11千米，到达地球表面的最低点——马里亚纳海沟底部。

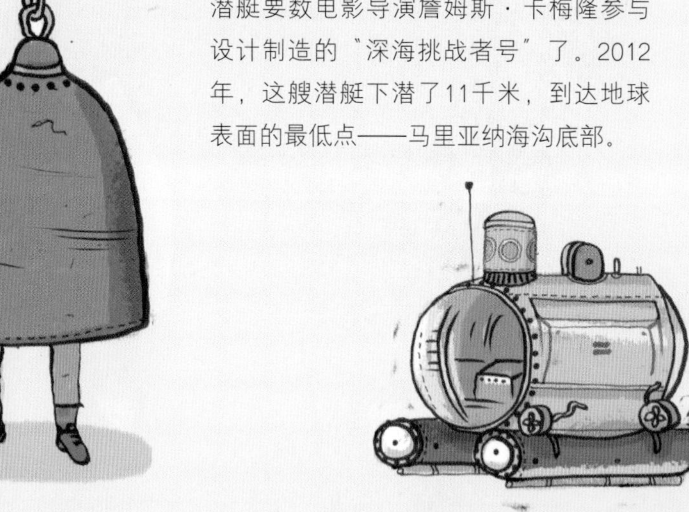

压力之下

自由潜水就是不借助供氧设备，只靠屏住呼吸进行的潜水活动。自由潜水的要领之一是知道怎么用流进耳朵里的水来平衡耳朵里的气压，当然，还要看你能憋多久的气。自由潜水属于一种极限运动，一般分不借助外力（如重物）下潜的恒重下潜，需要依靠重物下潜、自由上浮的变重下潜，依靠重物下潜上浮时借助气囊的无限制潜水等几种，其中无限制潜水最为危险。2012年，奥地利人赫伯特·尼特奇创造了253米的无限制潜水新纪录，他的健康也因此受到了影响，所以，不要轻易尝试这项运动，而且，千万别自己一个人潜水，一定要找一个能随时看着你的人一起。

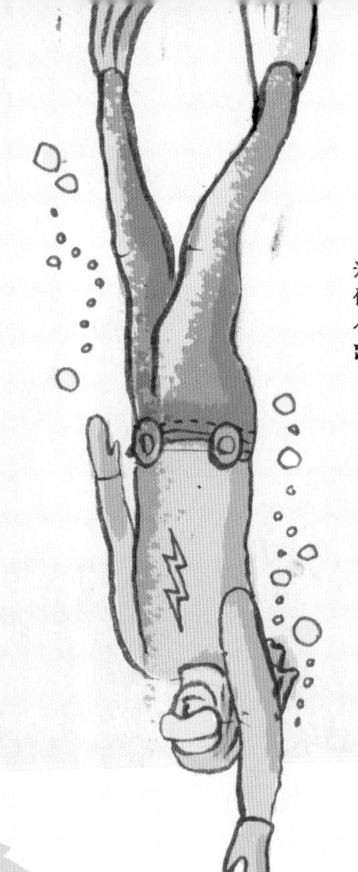

在进行自由潜水运动时，人体的血液循环不会受到影响，心跳会减缓。

史上最名贵的沉船宝藏

历史上最著名的宝藏沉船有：

•SS共和号。美国内战时期，一艘装载着金币和银币的蒸汽机船在佐治亚州附近海域失事。这艘于1865年在风暴中沉没的船在2003年终于被找到。它的预估价值达到3亿美元，而当时勘探和打捞的部分只占到了它价值的四分之一。

•耶稣与圣母玛利亚号（也称“阿托查圣母号”）是目前被打捞上来的最值钱的一艘船。1622年，这艘装满宝物的西班牙大型帆船在佛罗里达附近海域沉没。1985年，寻宝者梅尔·费舍尔发现了这艘船，打捞出了价值4亿5000万美元的宝物。

•泰坦尼克号。可以说它是世界上最著名的沉船，1912年因为撞上冰山而沉入大西洋北部。船上有一些当时世界上最富有的人，他们携带了大量珠宝。一个寻宝者说，船上宝石价值达3亿美元。全世界的关注让这艘船上的任何一样东西都价值连城，但很多人都说从“泰坦尼克号”里打捞东西无异于抢劫。

河流遇险

想象自己乘着独木舟顺流而下的场景，你会想到什么？也许是清澈的河水在绿油油的岸边平缓地流淌，你则悠闲自在地泛舟而下，多么美好！而现实大多数时候并非如此。河流有时会显出它阴暗又狂暴的一面，其中潜藏着很多会置你于死地的危险。

漩涡

漩涡是一种呈螺旋式波动的圆形水流。在水流发生碰撞或是被某些障碍物，如巨石、急弯等阻挡的时候，就会形成漩涡。当漩涡足够大、足够强烈的时候，它可以轻易吞没整艘船，船上的你也不能幸免。对独木舟来说，这可是一个坏消息，因为它也许会随着漩涡而颠簸、震颤导致进水沉没。而皮划艇会相对好一些，大部分漩涡会随着水流的行进迅速消失，所以在上下波动几次之后就会恢复正常的状态。当然，最好的方法是尽量避免它，或者当你看见漩涡，你要迅速判断螺旋的哪一侧是向着水流方向运动的，然后尽快划到那边去，当接近漩涡时，你会感觉到一阵加速行进，这种加速会把你甩出去，让你远离可能的危险。

到处乱钻的鱼

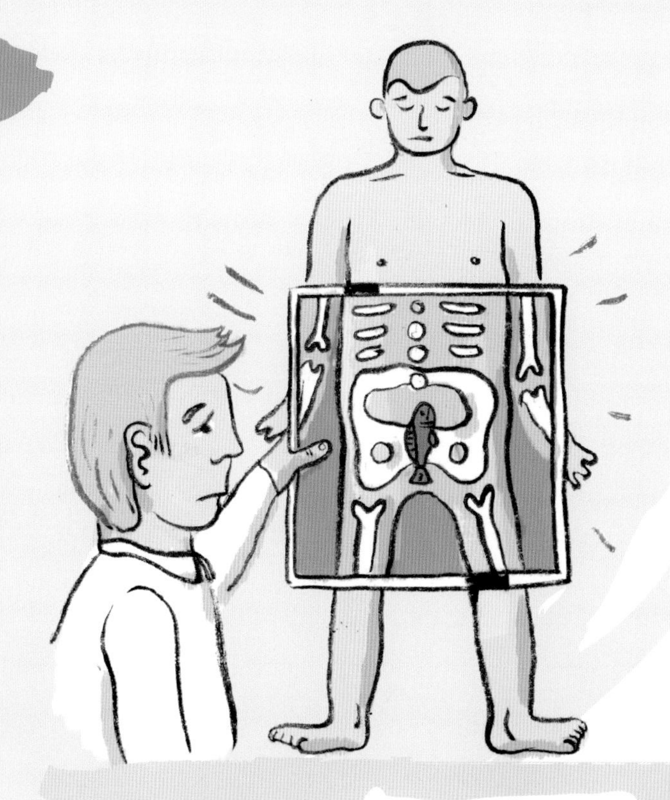

对探险家来说，亚马孙地区最可怕的动物可能要数寄生鲇鱼了。这是一种很小的脊椎动物，它们大多生存在亚马孙河。寄生鲇鱼以寄生方式生存，它会钻进大鱼的鳃里，用身体上的棘刺猛扎大鱼的鳃，吸食大鱼的血。它们还会钻进各种各样的孔洞或狭长通道里，包括人的尿道——那可是你尿尿的地方啊！它们一旦钻进你的尿道，会迅速卡在那里，然后扎你的肉，吸你的血。所以下到亚马孙河里的探险家们一般会把自己的重要部位包起来，并与寄生鲇鱼出没的水域保持安全距离。

电鳗

在南美洲水域的湖泊或池塘里，有一种带有特殊功能的大型鱼类，它们叫作电鳗。电鳗与鲇鱼属于亲缘物种。它们体长可达2.5米。这种鱼的肌肉就相当于天然的电池，所放出的电压是人用手指触到电源插座的铜片时所感受到的电压的3至4倍。如此强大的电流足可以把一匹马电倒。

牛鲨

牛鲨分布广泛，在热带、亚热带水域都有它们的踪迹，而且它们在咸水和淡水中都有生存。牛鲨嗅觉灵敏，生性凶残，许多人都认为牛鲨是世界上最危险的鲨鱼。

小船和木筏

对于一个喜欢江河探险的人来说，船并不仅仅能载着他在河面上穿梭，还是他的载物骡、搬运工、避难所、安全舱，更有可能是他最重的装备。所以，探险者要根据实际需要选择最合适的水上交通工具：本身重量多少、能达到的速度大小、是否容易操作、载重多少等，最重要的是它可以容纳几个人。有经验的探险家们是不会相信所谓的发动机那类装备的。所以，如果你只是进行一次小规模的河流探险，可以选择以下三种可以掌控的交通工具：独木舟、皮艇、木筏。

独木舟

现在仍被沿用的独木舟由古代美洲印第安人使用的船只发展而来。独木舟体积较小，形状狭长，有两个或更多的座位，每个座位有一支一端有桨叶的桨，独木舟便于载人载物，甚至可以载着人和物进行长途旅行，是许多河流探险家的首选。

皮艇

皮艇以古老的因纽特木架皮舟为原型，有一点像独木舟，但是与独木舟不同的地方是它的甲板是被盖起来的。皮艇上有一个或两个座舱，这取决于上面有多少船员。每一个座舱都配有相当于盖子的防水裙，当船员坐下时，水就不会渗进船内。皮艇所用的桨两端各有一个桨叶。皮艇适合那些想独自漂流或者希望在急流中勇往直前挑战极限的探险者。

帆

遮阳棚

木筏

木筏就像漂在水上的一种简易平台，你可以在上面加盖船舱或者其他什么。木筏不容易移动和驾驶，你可以借助帆或者桅杆控制航行的方向和速度，但木筏最好是能顺流而下。同时，木筏不适合在急流中航行，而且它重量太大，难以随身携带，所以一般说来，它并不是探险家的最佳选择。但是，有些伟大的探险活动还是靠木筏来完成的，比如〝康·蒂基号〞远航。

刘易斯和克拉克的铁皮船

历史上最伟大的河流探险也许是刘易斯和克拉克在1804—1806年进行的那次探险。他们率领着名叫“发现军团”的探险队伍沿密苏里河逆流而上，了解了许多所经过地区的自然状况和人文环境，最终，他们通过了哥伦比亚河下游，到达了太平洋。他们在13000千米的探险过程中使用了5种不同类型的船只，共25条，其中包括一条神奇的铁皮船，它的铁皮框架可拆卸，所以在任何时候都可以携带或者组装。

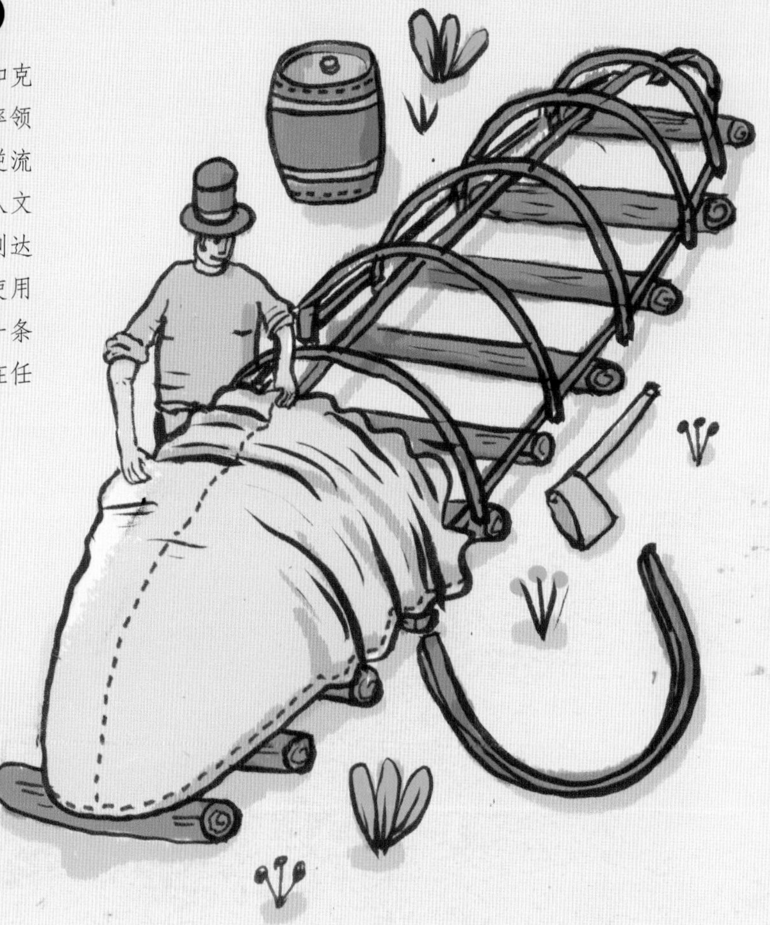

这条铁皮船至今下落不明，现在的探险家们一直在尽力寻找它，也许它就躺在蒙大拿州的哪个地方呢。

在河水里翻滚

河流探险家们最大的敌人不是鳄鱼，也不是食人鱼，而是急流和瀑布。不信的话你可以划独木舟或者皮艇在这样的地方试一试，你必须做好一切准备以防止船只在河里翻过去，但在这之前你必须学会怎么把你的船搬起来。

搬运船只

有些时候，你必须搬起你的船绕过障碍物或者举着它走到另一条河里，这就是搬运船只。虽然经过不断的改良和创新，船只的重量相对于它的体积来说已经很轻了，但一条船的重量还是轻不到哪儿去的。事实上，船只搬运可能是河流探险中最痛苦的一项工作。

皮艇很轻，可以像折叠的旅行箱一样拿起来或者直接扛在肩上，但是要举起独木舟就没那么容易啦。这可是一种特殊技能，需要认真练习才行。

❶ 面向船只，抓住离你较近一侧的船的边缘中间。用力抬起一边，并向前走一步。

❷ 弯下腰用手抓住船中间的面梁，也就是你划船时可以坐在上面的地方，然后把背部挺直，向后微微仰，膝盖弯曲，把船提起来靠在你的大腿上。

❸ 用左手抓住离你较远一侧的船缘，右手顺着面梁慢慢向身体这边移动，最后抓住挨近身体一侧的船缘。注意要让船体在你的大腿上保持平衡。

❹ 稍稍低下头，将船体慢慢翻转，移到你的头顶。

❺ 缓缓将船缘落在肩上，小心保持平衡。现在知道怎样搬运自己的船了吧?

螺旋式翻转

在你开始皮艇探险之旅以前，你得先学会怎么让翻倒的皮艇重新正过来。有一种方法是螺旋式翻转。

❶ 如果你真的连人带船都扣了过去，别紧张，把身体尽力向前倾，使头部离开水面，两手紧紧握住桨。

❷ 把右手边的桨插入水中，顺着船头在船尾的方向用力划动。

❸ 这时你的皮艇也开始打转，并且慢慢从扣在水面的状态变成侧翻。保持身体平衡，继续用力划一侧桨。

❹ 在船体随着桨的划动慢慢摆正时，船舱里被防水裙盖住的你的腿膝和臀部也要做出相应的配合，将重心向上移。

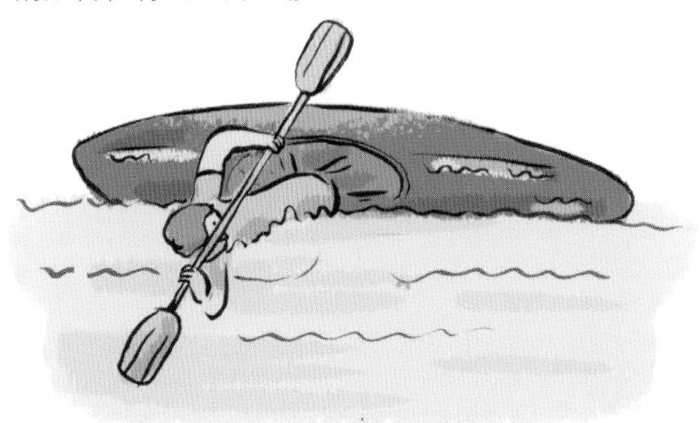

❺ 最后在你猛地将船翻转回来之前，你的头和身体会一直浸在水里。但在你成功翻转回来之后，你会发现刚才的努力还是值得的。

如果上面这些步骤都没有奏效，那你就在水下解开你的防水裙，用手抓住船体的边缘部分，用力把腿抽出来，然后先浮到水面上换换气再说。

重在尝试

许多伟大的探险家都是在河流里完成了他们的探险活动。顺着河流行进，既能到达比较远的地方，又能携带大量的装备和食物，而且，在沿途你一定能遇到聚居的人们而获得帮助。

沿密西西比河顺流而下

最先探索密西西比河的欧洲探险家是法国人路易斯·若利埃和雅克·马凯特。前者是魁北克的一个皮货商，后者是一个传教士。若利埃也许是北美历史上最伟大的河流探险家，他曾探寻了五大湖区和美国境内的其他河流。1673年，他和马凯特一同探索了密西西比河的大部分流域，虽然他在行进途中穿越急流的时候不小心遗失了所有的笔记和地图——这些都是他亲自写下和画下来的珍贵资料，但最终，凭借记忆，若利埃把这些珍贵资料重新写了一遍。

时刻记得随身带一个防水的容器，把重要的东西都放进去，以免被水打湿。

来试试吧：

动手制作一个防水袋

要制作一个防水袋，最简单的办法就是找一个密闭无缝隙的塑料袋（比如冷藏袋）。

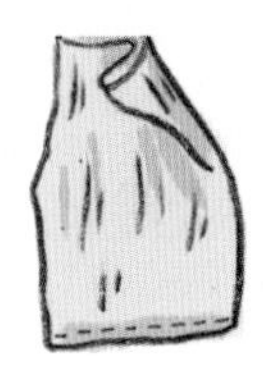

❶ 把重要的东西（如地图、照片等）都放进袋子里，再把空气全都挤出来。

❷ 把袋口折叠两次并卷弯。

❸ 用橡皮筋把折叠卷弯的地方紧紧扎起来。

可以先把它放在装着水的水槽或浴盆里检验一下。

烦人的蚊子

利奥尼达斯是米娜·哈伯德的丈夫，1903年，利奥尼达斯在加拿大东部拉布拉多半岛探险时不幸遇难。为了完成丈夫的遗愿，米娜在四个向导的帮助下于1905年开始了顺着西北河的探险。一路上，他们经历了急流险滩，但最让米娜烦恼的并不是这些危险，而是不停地被蚊子和苍蝇侵扰。虽然她戴上了帽子，有时还用纱网遮住脸，但还是能感觉到有东西咬她的脖子。

蚊子、蠓和其他咬人的飞虫是所有河流探险家都会面临的难题。所以，杀虫剂、防蚊网及其他保护装备是必须准备好的。

意外发现的亚马孙河

一次计划外的河流探险之旅，成就了历史上最伟大的探险活动之一。西班牙人弗朗西斯科·德·奥雷利亚纳原本是寻找传说中的“黄金之城”——位于南美洲的埃尔多拉多的远征探险队成员之一，在远征队伍被疲累和病痛折磨的时候，领头的贡萨罗·皮萨罗派奥雷利亚纳带一部分人乘船去寻找给养。奥雷利亚纳的船顺着纳波河的急流飞速前进，在奥雷利亚纳知道返回已经不可能的时候，沿途的所见所闻更让他确定黄金之城就在前方。于是他带领大家造了一艘新的大船，闯过暗礁和湍流，抵挡了土著的攻击，经过半年多的漂流，终于来到了亚马孙河的入海口，这次无意中的壮举，让欧洲人第一次对亚马孙河有了了解，这也促成了1546年奥雷利亚纳对亚马孙河的第二次探险，但他不幸在这次的探险途中染病离世。

当然，顺流而下要比逆流而上容易得多。

飞鸟——它们和飞机最好互相躲得远远的。
让飞机飞起来并不难，难的是怎么应对在空中可能会遇到的各种麻烦事儿。

高空世界

现在，假如你正驾驶一架小型飞机在距离地面4000米的高空飞行，下面是无边无际的海洋，你看了看燃油表，最多还能坚持十几分钟。在这个时候，你会掉头回到刚才飞过的一座小岛上，还是按照计划继续向前，寻找你梦想中的那块世外桃源般的陆地呢？

探秘之旅

航空技术的发展对探险家来说真是个巨大的好消息，不仅因为它能够让探险家行走更远的距离，去到以前去不了的地方，而且因为它为探险家旅程的最后成功提供了新的可能。

寻找埃尔哈特

在航空探险史上，最有名的人物之一是阿梅莉亚·埃尔哈特。作为第一个独自飞越大西洋的女飞行员，埃尔哈特早已声名远扬。1937年，她和领航员弗雷德·努南在进行一场创造纪录的环球飞行时，在太平洋上失踪了。在大规模的搜救行动中，搜救人员使用当时最先进的探测设备都没有找到他们的行踪，但是有线索表明，埃尔哈特有可能在一个小岛上生存了一段时间。你有兴趣解开航空史上的这个谜团吗？

极地之旅

世界上很多人都以各种各样的方式进行过环球航行。比如在2005年，61岁的亿万富翁冒险家史蒂夫·福赛特进行了一场单独驾驶飞机，中途不停顿也不续加燃料的冒险之旅，并成功创造了一项世界纪录。但是极地环球飞行就没那么常见了。这种飞行不同于与赤道平行的飞行，而是从地球的一个极点到另一个极点。目前极地环球飞行纪录是52小时30分钟，你想超越它吗？

太空边界

卡门线位于距地球表面100千米的高空，被认定为地球大气层和外太空的界线。飞机几乎不可能飞到卡门线以上的地方，因为那里的空气极其稀薄。由此，飞越卡门线也成为航空史上最大的挑战之一，并衍生了许多相关的科学研究。

消失的土地

南美热带雨林中耸立着不少被当地人称作〝特普伊〞的平顶山，以〝福尔摩斯探案集〞系列小说闻名于世的柯南·道尔有一部科幻探险小说《失落的世界》，里面描述在南美洲一个掩藏在原始森林中的高原上，生活着不少史前生物。许多人认为小说中描写的就是这些平顶山，而且真的还有恐龙在从未被人类打扰过的环境中生存。1937年，一个名叫詹姆斯·安格尔的美国飞行员偶然间发现了世界上落差最大的瀑布，也就是现在的安赫尔瀑布，这条瀑布的落差达到979米，从奥扬特普伊山顶部倾泻而下。当时，安格尔原本是希望寻找一条积存着不少黄金的溪流，因为飞机降落在这座山的山顶时轮子出了故障，最后他只能徒步走回文明世界。你想不想再现一次安格尔的大胆之举，在平顶山上着陆呢？

向上，再向上，起飞！

对探险者来说，飞机不但可以带领自己不断探索未知的新境界，更可以令许多探险活动变得更容易，比如飞过原本难以跨过的山顶或是飞过难以逾越的海洋。

飞机

飞机具有飞行速度快、安全系数高和坚固耐用等优点。但是它不方便的地方在于大多数飞机的起飞和降落需要一片狭长又平坦的区域。举个例子，查尔斯·林德伯格曾在1927年创造了飞越大西洋第一人的纪录，在整个飞行过程中，最危险的莫过于起飞的时候。他的飞机因为满载着燃油，因此即使在跑道的尾部，他的飞机也只飞到了电线杆那么高。当然，水上飞机就不受这方面的限制，水上飞机是指能在水上起飞和降落的飞机，也包括那些装有滑雪板，可以在雪上或冰上降落的飞机。

丛林飞机

对探险者来说，丛林飞机是一个不错的选择。它体积小，重量轻，靠螺旋桨驱动，两侧机翼较高，不会影响探险者看到地面，前轮也很高，这样就可以避免螺旋桨打到地面，还有可以加装类似滑雪板等的降落装置。

热气球

热气球是人类发明的第一种飞行器。1785年，第一次有人乘坐热气球成功飞越英吉利海峡，比1909年法国人路易斯·布莱里奥特驾飞机飞越英吉利海峡早124年。第一批乘坐热气球飞行的人可以说是真正的探险家：他们去的高度之前没有人去过，也没有人知道他们能否活着回来。因为热气球是很难控制的，全靠风行进，而且降落的情况也是充满危险的。但是如果你想悠闲地俯瞰大地，乘坐热气球是一个不错的选择哟！

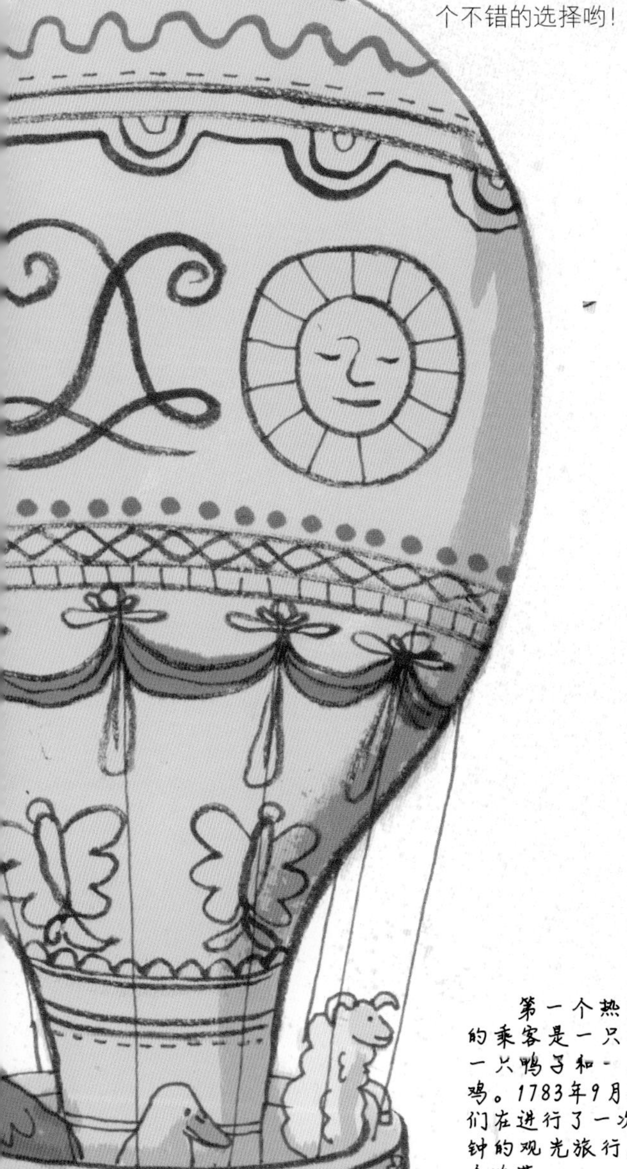

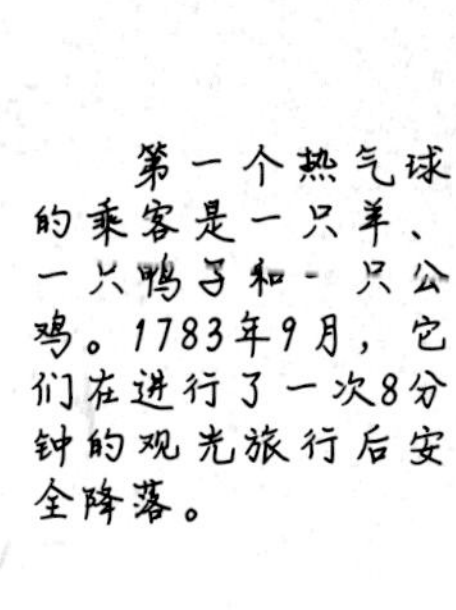

第一个热气球的乘客是一只羊、一只鸭子和一只公鸡。1783年9月，它们在进行了一次8分钟的观光旅行后安全降落。

直升机

不用跑道就能起飞，这让直升机成为探险者的理想飞行工具。但另一方面，直升机无论是购买还是日常维修保养都很昂贵，而且在大风等极端天气条件下，乘坐直升机还不如普通飞机安全。尽管如此，如果你想进入火山口或是想到达平顶山的山顶，除了直升机，可能还真没有别的更好选择。

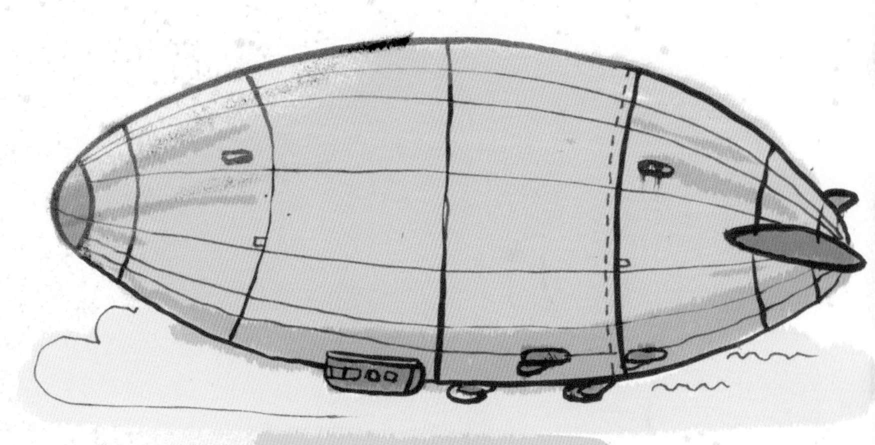

飞艇

飞艇是一种外表像气球，可以用螺旋桨或其他设备驱动的飞行器。1900年，德国齐柏林伯爵设计制造的飞艇首飞成功，他因而被称为“飞艇之父”。飞艇是靠气囊中充入的密度比空气小的气体（一般是氦气，因为氢气很容易引起爆炸）产生的浮力升空，因此气囊是飞艇体积最大的组成部分。20世纪早期，飞艇开始运用于航空探险之中。1926年，由意大利飞艇设计师翁贝托·诺毕尔驾驶，载着挪威探险家罗阿尔德·阿蒙森的“诺加号”飞艇成为第一个飞越北极点的飞艇。

飞起来了！

由于目的地可能没有供飞机降落的跑道，着陆就成了正在飞行中的探险家们最大的难题。飞行探险的目的就是要到一个很难到达的地方，要想安全降落，肯定也不是一件容易的事儿。下面就列出了几处最难降落的地方，快看看都是哪儿。

1.火山

火山口附近总会有许多参差不齐的巨石，或是被丛林覆盖，有时则两者兼具；那里有你从未见过的烟雾、灰尘、蒸气和有毒气体，还有骤起的狂风以及随时可能喷发的岩浆。直升机想在火山口附近降落，就需要找一个相对平坦的地带。1992年，飞行员克雷格·霍斯金驾驶直升机，载着两位摄影师飞到了夏威夷基拉韦厄火山口上空，在距直升机35米的下方是一个咕嘟咕嘟冒着泡的岩浆池。突然火山口冒出一阵气体，导致直升机的发动机熄火了。霍斯金意识到他唯一的希望就是赶紧在火山口旁边找到一块平地紧急迫降。

幸运的是，迫降在巨大的火山口中的三个人最后先后获救。

2.珊瑚礁

在热带和亚热带的浅海，造礁珊瑚的遗骸及其他生物骨骼经长期聚集沉积，最终形成了石灰质岩石，这些岩石潜没于水下时就变成了暗礁。珊瑚礁大多比较平坦，也有一些是参差不齐的小块岩石或是长满了洞的石块。通常情况下，没有谁想要把飞机降落在珊瑚礁上。但是一些人相信，阿梅莉亚·埃尔哈特在1937年进行环球旅行途中在太平洋上空失去踪迹时，就是降落在一座珊瑚礁上。有证据表明，她和同伴弗雷德·努南把飞机降落在一座无人居住的珊瑚礁上，这个地方的名字叫尼库马罗罗岛（当时被称为加德纳岛）。在燃油耗尽的情况下，埃尔哈特可能别无选择，只能降落在这个狭长的小岛上。但搜救队伍在那里没有发现飞机的任何踪迹，也许早已被浪潮冲掉了。如果埃尔哈特和努南当时真的降落在那里，在恶劣的条件下，他们恐怕也不会生存很长时间的。

3.卢卡拉机场

世界上有大约50000座机场。大部分机场都要在有利于飞机起落的前提下精心设计，但有的受种种条件制约，只能为经验丰富的飞行员服务。就像尼泊尔的卢卡拉机场，它无疑是世界上最危险的机场。卢卡拉机场建在海拔2560米的山脊上，而且它的倾斜跑道又短又狭窄（460米×20米），即使是在天气良好的情况下，白天适合起飞的时间也只有短短几小时，〝L〞形的跑道一边是耸立的绝壁，一边是几百米的深渊。对于飞行员来说，每一次起降，都是一次以生命为代价的冒险。一旦决定在卢卡拉机场降落，你就不能中途改变主意，也不会有第二次机会。如果顺利完成，卢卡拉会是你进行珠穆朗玛峰探险的绝佳起点，在那里，你可以尽情感受喜马拉雅山的雄壮和野性之美。

恐高症

航空公司总是在宣传乘商务飞机旅行要比自驾游安全得多，但对探险家来说，驾驶小型飞机探访那些人迹罕至的地方才是他们的兴趣所在。驾驶飞机探险确实有一定的危险性，当你飞到一个偏远的小岛、一个被大雪覆盖的野外或是一座杳无人烟的山上时，你必须随时准备好应对可能发生的各种情况。

冰冻

对丛林飞机这样的小型飞机来说，冰冻是最大的威胁。即使是从气温较高的地方起飞，随着飞机越飞越高，环境温度也会迅速降低。空气中的水分凝结成冰，可能会对发动机正常运行造成影响，同时，机翼上的冰会减弱飞机所受到的升力，这样的话，飞机就无法正常飞行了。

飞行的奥秘

为什么飞机不会从天上掉下来呢？答案就是气流的上升。飞机两翼的流线型会让穿过的气流自动向下运动。我们知道，力的作用是相互的，空气向下运动，那么机翼，也就是飞机就会以相同的力量向相反的方向运动，也就是向上运动。这种向上的力量就是气流的升力。如果飞机的机翼很大，飞得也很快，那么气流的升力也会很强。

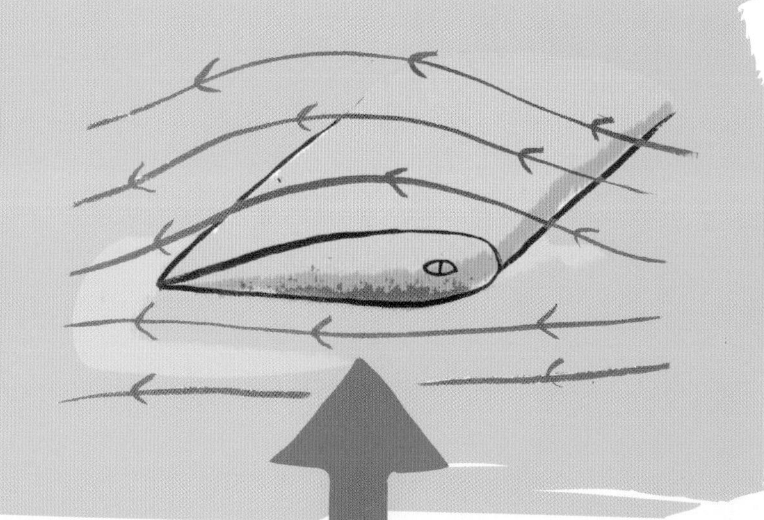

迷失方向

在地面上，我们能很容易地分清楚上下，因为地就在我们脚下。但是在高空这样一个环境中，人们很容易迷失方向。在夜晚，这样的情况尤其明显。如果你所处的地方对应的地面是水、沙子或者冰雪，那么你看四周什么都是一样的。如果飞机身处在云层中或是在雾里，你就可能什么也看不到了。而在光线昏暗时，比如日出或日落时，你也会迷失方向。在这些时候，你必须知道怎么借助工具来判别方向，比如指南针和人工地平线（或称姿态仪，是显示飞机和地平线的夹角的一种刻度盘）。

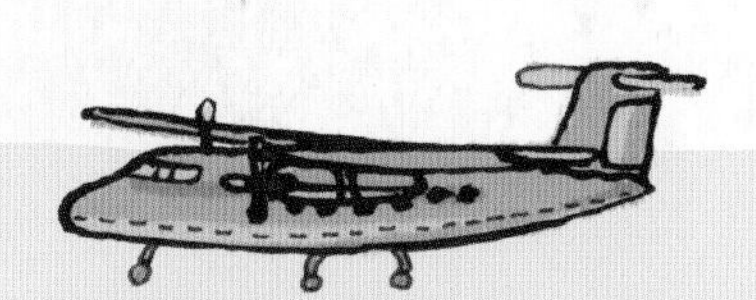

暴风雨

暴风雨来临的时候，常常伴有强风、闪电和大冰雹。这些都可能会毁坏你的飞机。对于现代大多数飞机，闪电只会作用在其外层，不会影响飞机的内部（包括你）。但是对于强风、大雨或是冰雹等恶劣天气，可就没有什么好的解决办法。航空探险家们必须仔细查看天气预报，决定起飞与否或是往哪儿飞。除此之外，他们在飞行中要借助雷达和自己的眼睛，来绕过暴风雨（注意，不是穿过）。如果是热气球和飞艇，在恶劣天气里调整方向就异常艰难，这也是现代探险家不选择这两种飞行工具的原因。

鸟群撞击

当你以每小时几百千米的速度航行的时候，撞上任何东西都会造成严重的后果。值得庆幸的是，除了那些飞鸟之外，高空上几乎没什么东西可能会被撞到。撞击鸟群，会破坏螺旋桨和发动机，造成部分设备损坏。避免撞击鸟群有以下几个方法：别在鸟群附近或是鸟儿多的地方起飞或者飞行。尽量飞高点。尽管曾有一只兀鹫在非洲上空（离地面大约11300米的地方）撞上了一架飞机，但是大多数鸟群的撞击都发生在150米以下。最后，尽可能减慢速度，这样就算你真的撞上鸟群，也不会有太大损失。

飞机紧急降落指南

在经历了一个星期艰苦的丛林探险以后，你正悠闲地坐在旅客席上，享受来之不易的休闲时光。这个时候，你的驾驶员突然大叫："啊啊啊啊——"发生了什么事？原来他被一只毒蜘蛛咬伤了，现在他的生命完全掌握在你的手中，这个时候，你就不得不立刻学会开飞机送他去急救。

1.准备开始

让飞机飞起来其实并不难，降落才最难。坐在驾驶员座位上，向前看。飞机的操纵杆就像汽车的方向盘一样，但它通过控制飞机的升降舵起作用。向前推是让飞机头部向下；向后拉是让飞机头部向上。现在，找找燃油表、显示高度的高度表、罗盘、空速表和油门杆。这些是控制飞机飞行必不可少的设备。

1. 耳麦
2. 空速表
3. 姿态仪
4. 高度表
5. 罗盘
6. 无线电
7. 垂直空速表
8. 燃油表
9. 油压表
10. 操纵杆
11. 油门杆
12. 制动和方向舵踏板

2.电话求救

打开无线电，别换频率，一般来说飞行员和控制塔之间的通信已经设定好了，只需对着它大声说话就可以。按下说话按钮，说明你的情况。如果无人回应，试着调到121.5频率，这是国际通用的呼救频率。

3.寻找降落地点

在燃油不多或者无人帮助的情况下，找个地方准备降落是个不错的选择。你需要一个面积很大并且四周开放的空间。如果你需要调转方向去找，一定要多加小心，慢慢地把操纵杆转到你要去的方向。

4.减速

一旦你选择好降落地点，在空中就把飞机和选择的跑道调整为平行状态，把油门杆向后拉，让飞机的速度降到200千米/时以下。让机头在你的视线里处于地平线以下。慢慢放下起落架。如果你已接近着陆带，就算飞机航速为120千米/时甚至更高，也要立即切断电源，并且让机头在你的视线里保持在地平线以下不远的地方。当你到达着陆带的边缘时，确保你离地面只有大约30米。

5.紧急制动

接近地面时要把油门杆拉回来，在到达地面前最后一秒把机头再升高一点点。轮子一接触地面，就立刻踩住制动踏板。必要时可以用双臂抱紧身体，防止意外事故的发生。

6.深呼吸

祝贺你！成功降落了！现在，赶快带上驾驶员飞奔去医院吧！

冷冷的空气

飞机在空中翱翔，整个世界都在你脚下。去寒冷的极地进行一次飞行探险，会令你更加兴奋不已。可你知道谁才是第一个到达北极和南极的探险家吗？

一路向北

想不到吧？南极比北极更容易到达。1911年，阿蒙森就是靠双脚和雪橇犬到达了南极，但是如果目的地换成北极，那就是件十分困难的事了，因为北极点附近并没有陆地。一位叫罗伯特·皮尔里的美国北极探险家以执着的精神终于在1909年到达北极。

飞艇冒险

1926年5月11日上午，“诺加号”飞艇从挪威的斯匹次卑尔根岛起飞了，在成功飞越北极后，飞艇降落在阿拉斯加。这是第一次有人驾驶飞行器横越北极圈。坐在飞机上的有意大利飞行器设计师和开创者翁贝托·诺毕尔，美国探险家林肯·埃尔斯沃思以及伟大的挪威探险家罗阿尔德·阿蒙森。至今，人们都认为阿蒙森是第一个到达过两极极点的人。

你能把一面旗子插在北极点吗？

北极没有陆地，只有北冰洋上漂浮的冰。这些冰是在不断移动的，所以如果你在北极点上插一面旗子，过不了多久，它就会跑到其他什么地方。不过由于全球变暖，夏天里，北极也没什么冰了。

像伯德一样

理查德·伯德是一位对极地探险深深着迷的飞行先驱。1925年，他参与了一次北极探险，次年5月9日，他驾驶“约瑟芬·福特号”飞机成功飞越北极，但是，对于他的经历和见闻，后来有不少人都持怀疑态度。

如果你想证明自己是第一个到达某地的人，一定要拿出证据。比如拍些照片或借助地图、罗盘或全球定位系统，记录下你到达的时间以及确切位置。

“意大利号”的灾难

1928年，诺毕尔再一次出发去北极探险，这一次，他驾驶的是“意大利号”飞艇。诺毕尔率领的探险队的确到达了北极，但是在返回的路上，飞艇因为附着了太多冰而撞毁在一块浮冰上，船舱裂开，诺毕尔和八名船员被抛到了外面。飞艇很快漂走了，上面还有六名船员，他们再也没回来。一支国际救援队赶来援助，最后，诺毕尔获救。阿蒙森也驾驶自己的飞机前来援助，但不幸的是，他的飞机在途中失事，这位极地英雄在营救行动中遇难。

翁贝托·诺毕尔的狗蒂蒂娜不仅两次到达北极，还在“椭圆形办公室”（美国总统办公室）里撒过尿呢。

树木是天然的指示牌。
全球定位系统（GPS）卫星——这太简单啦！
天文导航——秘密全都藏在星星里。

月亮指的是哪个方向呢？
辨别方向
天已经黑了，而你又迷了路。你在想，要是折地图的时候小心些，没把它撕破该多好！罗盘在过河的时候也被弄丢了，怎么办？还好，四周还不是很黑，天空有一弯新月和闪耀的星星，找到北方应该没有什么问题。最后一个问题，就是：你是在黑夜中急匆匆赶路，还是先找一个安全的小山丘休息一下，等天亮了再说？
图上的这些波纹线到底是什么意思？
确保你身上带了罗盘。

看地图

探险并不仅仅是和鲨鱼搏斗，或者沿绳索滑到一个火山口里（虽然这些是行程中可能有的刺激经历）。探险家们喜欢去一些很少有人去过，甚至没有人去过的地方。为了顺利到达那里，他们必须学会用地图，指南针或是太阳、月亮、星星这样的自然景物来辨明方向。

地图的乐趣

从前，探险家们出行时都要带一张画着海怪的白纸，他们需要自己把这张纸画好，做出一张地图。现在，地图上留下的空白处已经很少了，而且地图很有可能是你出行最有用的装备之一。在你出门前，应该学会怎么使用地图：你需要知道如何出门看地图和折叠地图，还有怎样把地图跟指南针搭配使用。

制作地图的人被称为制图师。

折地图

一般的折地图听起来很简单，但实际上很容易做错。地图往往很大，所以得折叠多次才易于携带，如果你胡乱一折，可能最后会跟装地图的盒子完全不符，地图就很容易被撕破。

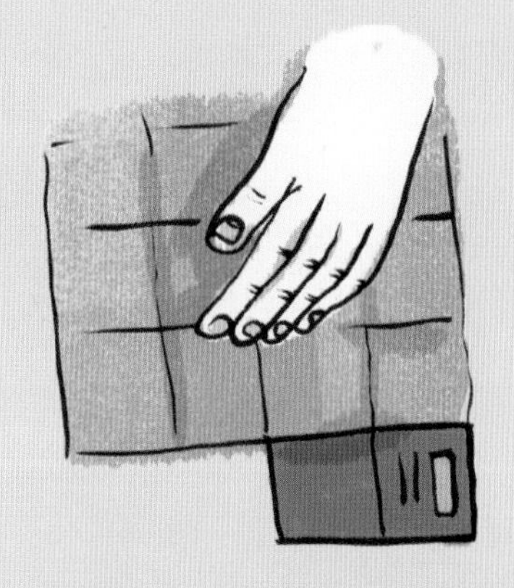

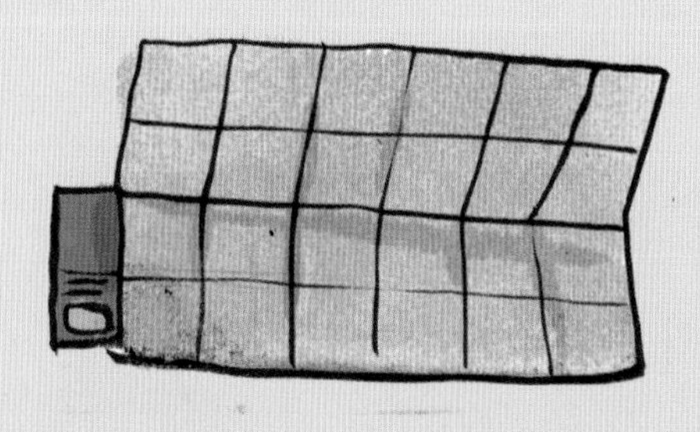

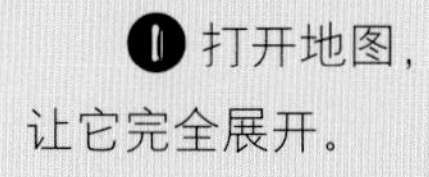

❶ 打开地图，让它完全展开。

❷ 查看折痕。如果地图是新的，你就知道该从哪儿折起了。

一些并不难的知识

地图上，除了代表道路、河流和铁路等的线，有时还会出现那些在地图上交叉形成一格一格的直线，即经线和纬线。经线和纬线是辅助制图者或探险家来认定确切位置的虚构的线。经线是南北方向的线，连接两极，表示你在地球上东西方向的位置；纬线是跟赤道平行的一种环绕地球的线，表示你在南北方向的位置。另外一种线是等高线。等高线是将同等高度的地点用线连起来，在平面的纸上表示山地、山脉、峭壁和山谷等地形。十分密集的等高线表示陡坡，相对稀疏一点的表示缓坡。这对于出发前的线路规划十分重要。

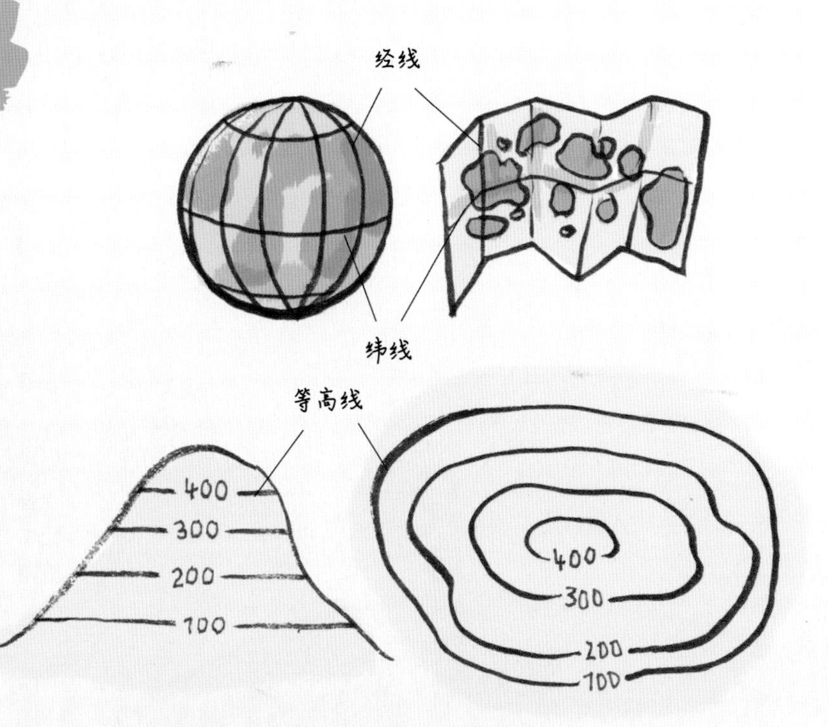

动手绘制一幅地图

来试试吧：

地图上也不是一定非要画等高线和各种符号，只要能显示出每个地方跟其他地方的联系和不同就可以。探险家应该学会熟练地绘制地图，先从画你家的房子和花园开始吧，然后画街道和居住区。但首先你要练习，通过画一个网格来让整幅地图上的景物保持相同的比例。

❸ 将地图沿横向的折痕对折，封皮则在其中一边。

❹ 再把地图纵向折成手风琴的样子。

❺ 最后将封皮对折，让它在最外层。

正北

北方并不仅仅指的是地图的上端。如果你在实际的探险生活中知道哪里是北，哪里是南，并且总能很快清楚，你就永远不会迷路了。

地球是一块巨大的磁铁

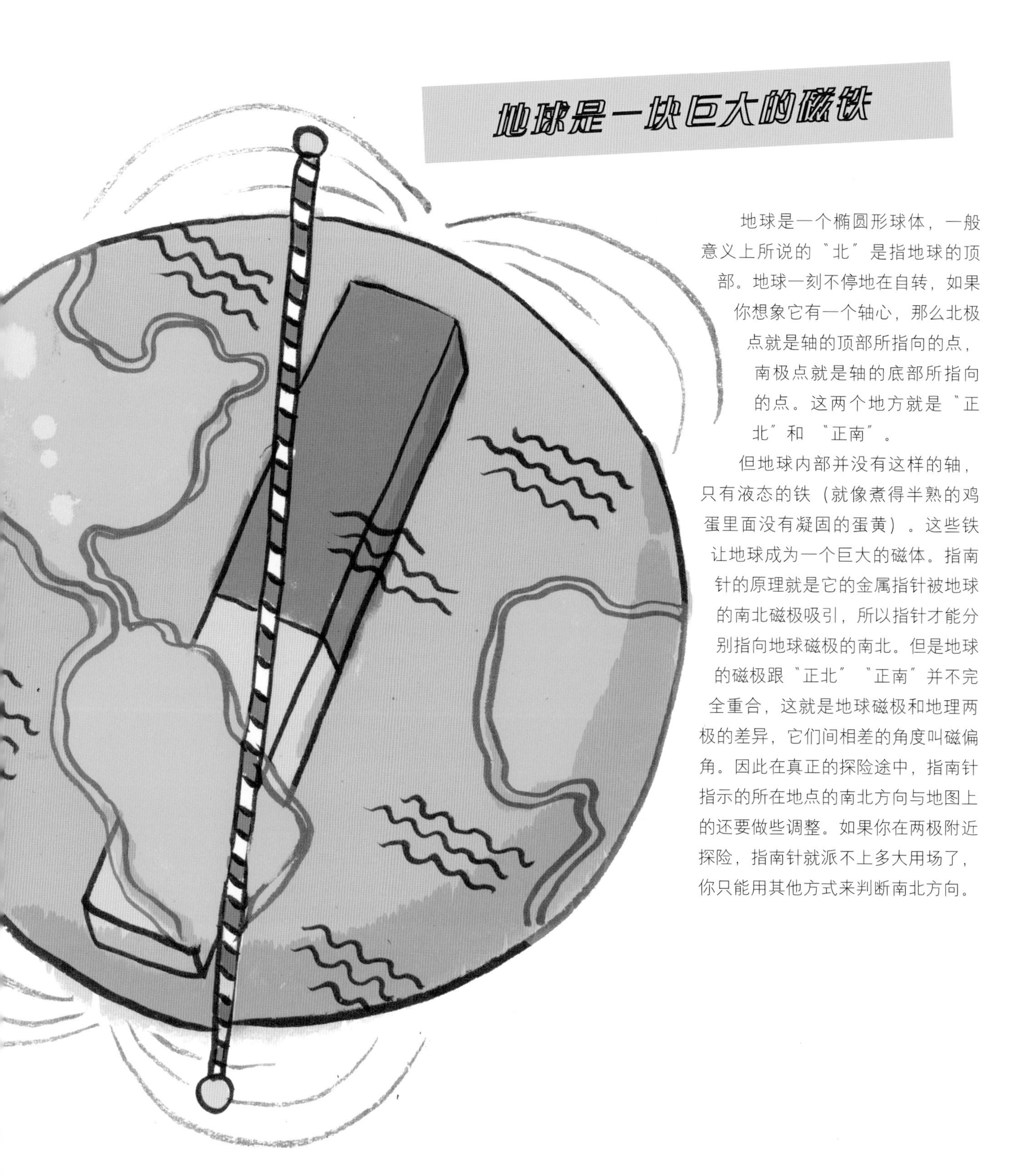

地球是一个椭圆形球体，一般意义上所说的〝北〞是指地球的顶部。地球一刻不停地在自转，如果你想象它有一个轴心，那么北极点就是轴的顶部所指向的点，南极点就是轴的底部所指向的点。这两个地方就是〝正北〞和〝正南〞。

但地球内部并没有这样的轴，只有液态的铁（就像煮得半熟的鸡蛋里面没有凝固的蛋黄）。这些铁让地球成为一个巨大的磁体。指南针的原理就是它的金属指针被地球的南北磁极吸引，所以指针才能分别指向地球磁极的南北。但是地球的磁极跟〝正北〞〝正南〞并不完全重合，这就是地球磁极和地理两极的差异，它们间相差的角度叫磁偏角。因此在真正的探险途中，指南针指示的所在地点的南北方向与地图上的还要做些调整。如果你在两极附近探险，指南针就派不上多大用场了，你只能用其他方式来判断南北方向。

找方向

不使用指南针，也有很多方法可以找到北方。最简单的方法就是利用太阳和月亮在天空中的运动来判断。在你家的后院尝试一下这几种方法吧。

❶ 木棍的投影——在地上竖直放置一根木棍，标记出它在地面的投影的顶部。等待15分钟后，再次标记投影的顶部。然后背对木棍，左脚站在第一个标记处，右脚站在第二个标记处，现在的你面朝的方向就是北方。如果晚上的月亮够亮的话，你也可以在晚上尝试一下。

❷ 借助指针手表。如果你有一块带指针的手表，将它放在手掌上，让时针（短针）指向太阳。这时，表盘上12点的方向与时针所指的方向的正中间指向的就是南方。如果你在南半球，则是让表盘上12点的方向指向太阳，那么它与时针所指方向的正中间指向的就是北方。如果你戴的是数字手表，就在地面画一个指针手表好了。

指南针使用入门

指南针总是指向磁极的南北极。指南针的形状、大小不一，从小巧的按钮指南针（也许你想在你的急救袋里放一个）到复杂的电子指南针，不一而足。对探险者来说，最常用的可能是定向指南针。

用指南针定方向

定向指南针往往要和地图一起使用，这种指南针大多为长方形，由透明的材料组成，很薄，方便携带。在透明的底板上一般有表示前进方向的大箭头、放大镜、两条平行经度辅助线以及比例刻度尺。当然，最主要的组成部分是底板上镶嵌的指南针。指南针的磁性指针往往浸在液体里，以增强其稳定性。磁性指针一般白色的一端指向南方，红色的一端指向北方；指南针可旋转的底盘会印有一个起到定向作用的箭头，它可以随着印有360度圆周刻度的转盘一起转动。

❶ 展开地图，令底板上的两条平行经度辅助线与地图上的经度线平行。

❷ 转动指南针的转盘，使起定向作用的箭头指向地图上的北方。

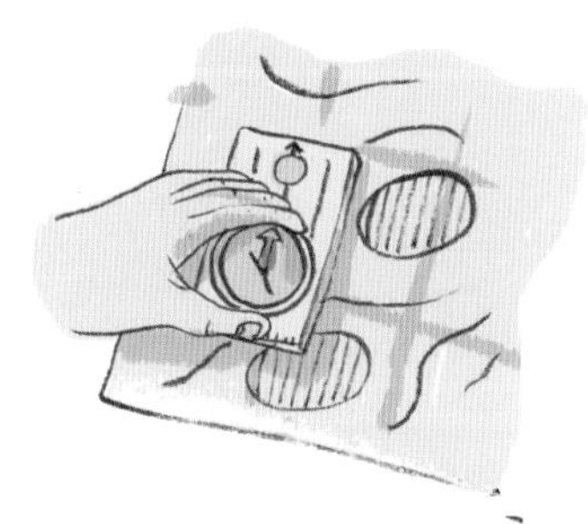

❸ 将地图和指南针一同拿起，慢慢转动身体，直到磁性指针红色的一端与定向箭头重合。

❹ 现在，你所在的方位与地图标示的方位就一致了，这时，你可能很容易就会找到地图上与实际景物一致的那个地标。

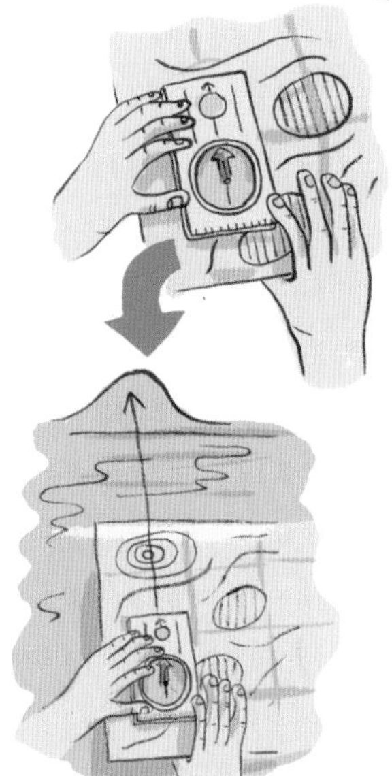

指南针的种类

中国古代的指南针——司南

定向指南针

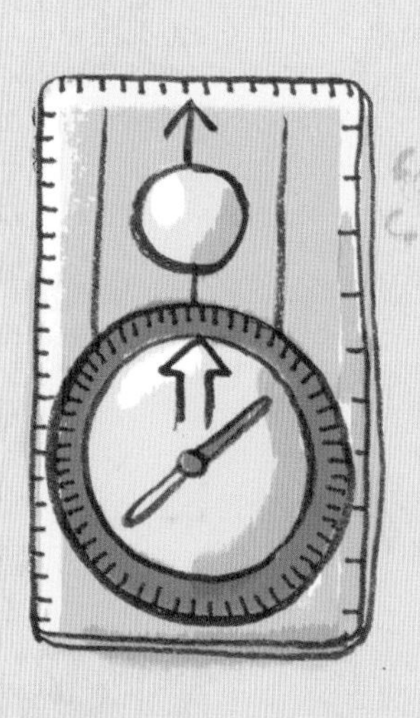

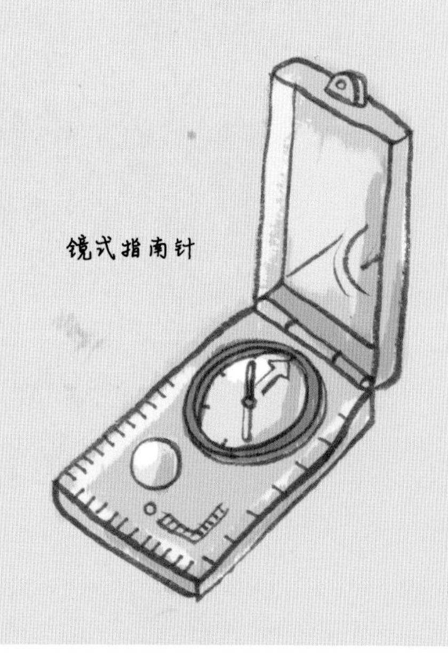

镜式指南针

自然中的北方

在北半球，阳光一般会从南方照射过来，所以你只需仔细观察树木的生长情况就能判断出哪边是北方。如果在南半球，则把所有这些标志特征反着看，因为太阳一般要从北方照射。

黑色的岩石南侧要比北侧亮。

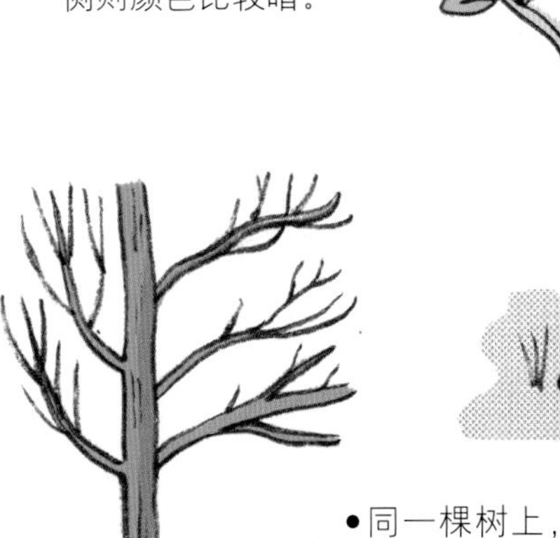

• 小树向南的一侧叶子颜色比较明亮，向北的一侧则颜色比较暗。

• 同一棵树上，南面的树枝会向一侧生长，北面的树枝会一直向上长。

• 一棵独立生长的树，北面是阴面，苔藓会多一些。

• 山丘南坡的树一般长得更密、更高。

来试试吧：

动手制作一个临时指南针

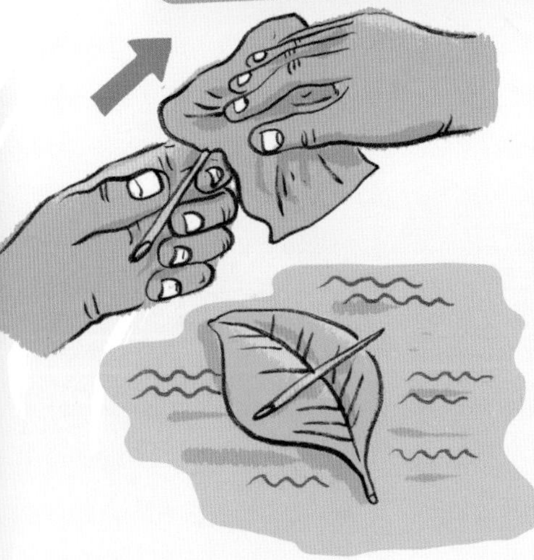

制作指南针，最快捷的方法是将一根针的针尖部位在一块软布上向同一方向摩擦30次。然后，将针放在一片漂浮在水面的树叶上，或者直接把针轻放在水面，针尖就会自动指向北方。

按钮指南针

透镜指南针

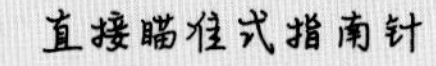

直接瞄准式指南针

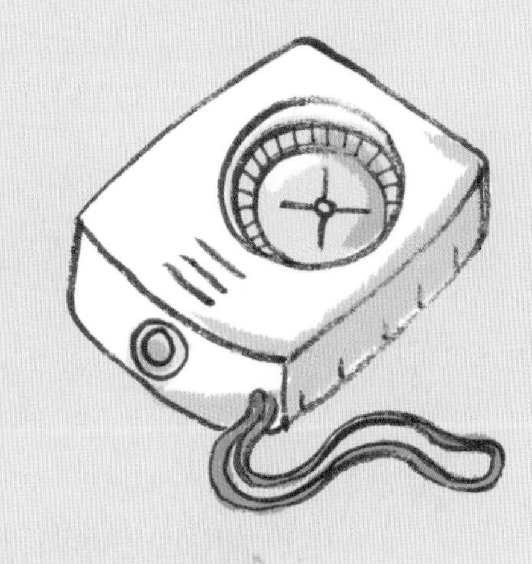

坚持到底

你驾驶着小型飞机降落在一处偏远丛林中的跑道上，又经过一个小时艰难的跋涉，你爬到了最近一座山的山顶。而你的目的地是一座被云层遮盖住的死火山，那里有不少科学家感兴趣的珍奇物种。你该怎么到达那里呢？从这片丛林里穿行可是很容易迷路的，一旦迷路，可能永远都走不出去了。唯一的办法就是在地图和指南针的帮助下选一个方向，然后朝着这个方向一直走下去。

找到你的方位

行程方向指示针

在你向火山进发之前，得先测量和估算出火山的位置和与你所在地的距离，这时，前面学到的把指南针和地图配合使用的方法就派上了用场。

在地图上将你所在的地点与你的目的地——火山之间画一条直线，将指南针底板的任一长边与直线重合。之后，慢慢调整指南针转盘，使定向箭头指向地图上的北方。这时，记下转盘上指向地图上经线所显示的数字角度，比如60度。

现在，继续旋转转盘，把60度这个刻度旋转到你目的地的方向，也就是刚才定向箭头所指示的地方。

最后，将地图和指南针一同拿起，慢慢转动身体，直到磁性指针红色的一端与定向箭头重合。这时，你所面对的方向也就是火山所在的方向了。

如今，火山的具体位置已经一目了然，当然，这是指你距离火山还有一段距离，或者你现在正身处山谷，是在压根看不见火山的情况下采取的方法。如果火山在你的视野之内，那么一切就变得容易多了。

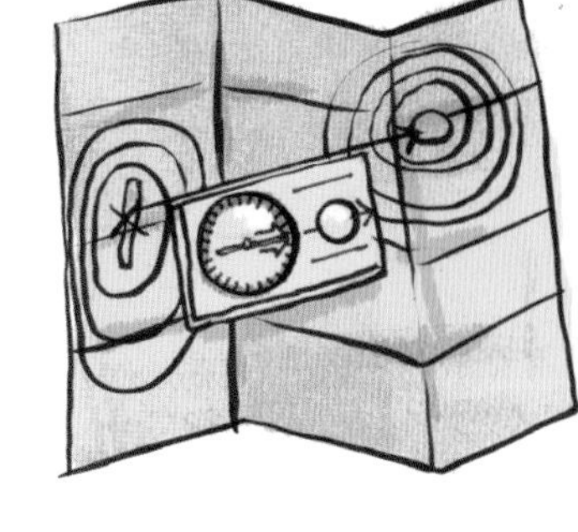

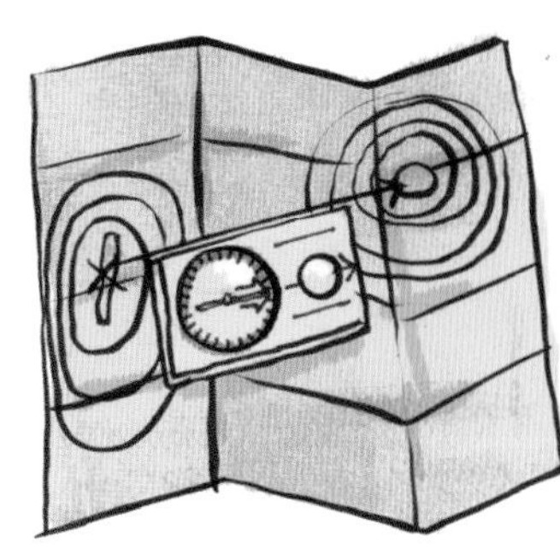

绕道而行

你在丛林中沿着自己开辟的路走，却来到了一片沼泽边缘，前面是可以轻易置人于死地的流沙，里面还有饥肠辘辘的短吻鳄。看来你必须绕道而行了，可是这样会不会把你的路线弄得混乱不堪呢？如果你知道如何保持自己前进的方向，也就是知道绕道后怎么调整回来，那你就没有什么可担心的了。这其实不难，你只需要拿着指南针，转四个直角弯就可以了：围绕着沼泽转其中三个直角弯，最后再转一个回到原来的路线上。你要记清从第一个弯到第二个弯你走了多少步，然后在第三个弯到第四个弯之间也走相同的步数，那你就能准确无误地回到原来的路线上了。

大臀女人

1850年，英国科学家弗朗西斯·高尔顿在非洲南部的沙漠中探险的时候，发现了一个臀部很大的土著女人。虽然高尔顿痴迷于测量各种各样的东西，但他还是不敢直接用尺子去测量那个女人臀部的尺寸。最后，高尔顿采用数学计算的办法，借助六分仪和绘图技巧算出了那个女人臀部的尺寸。

高尔顿在指纹识别领域和心理测量学、气象学等方面都有开拓性的成就。

利用星象识别方向

千万别在冬季迷失在南极洲的山上，因为呼啸的寒风会让你站都站不起来，可能在几秒钟之内你就会被冻死。而且，想依靠指南针导航回到营地基本是不可能的，天空中没有太阳，而且这里离地球磁极太近，你的指南针早已失去了作用。在这个时候，你唯一的希望就是天上的星星。早在还没有文字记述历史的时代，星星就已经成为人们的导航工具之一。

六分仪

你可以用六分仪来测量一颗星星（包括离我们最近的恒星——太阳）与地平线的夹角，通过得出的结果，你可以计算出你所在位置的纬度。熟练使用六分仪是海军领航员必须掌握的技术之一，以便在战争中电子导航系统被毁坏失去效用时使用。

夜空

在一个晴朗无云的夜里，当你抬头望向天空，会看到无数颗小星星散落天幕。你一次可以看到大约2000颗星（如果你有双筒望远镜，可以看到大约5000颗），看起来这些星星是在天空不断慢慢运动着的，其实它们并没有移动，是你在移动，或者说，是地球在移动。当地球绕着自转轴由西向东转动的时候，天上的星星也会随之从东向西移动，故而你可以据此判断方向。

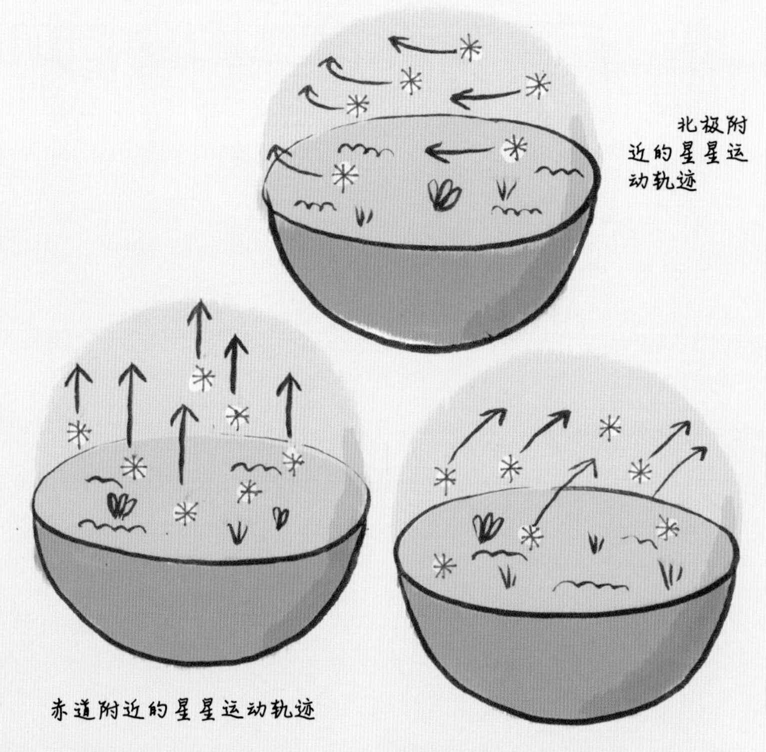

北极附近的星星运动轨迹

赤道附近的星星运动轨迹

赤道到北极之间的星星运动轨迹

星体追踪

星星的移动速度很慢，所以，想要通过一直盯着它来判断星星是往哪个方向运动是不可能的。你可以把两根棍子插在地面上，让它们距离接近并且保持竖直，然后你躺在它们中间，观察某一颗星星是怎么在这两根棍子间移动的。如果你在北半球，星星向左移动，那就是向北移动；如果向右移动就是向南移动；如果向上移动，就是向东移动；如果向下移动，就是向西移动。

星星的影子

还有一种方法，就是在地上立一根与地面有个倾斜角度的棍子，然后用一根绳绑在棍子的顶端，绳子的另一端垂到地面上；你躺下来，将绳子垂下来的那端拉到眼睛前面，让它和一颗星星对齐。然后将绳子在地面上对应的这个点做上标记。盯着这颗星星再观察10分钟，让绳子跟着这颗星星移动，然后再次在地面对应的点做上标记。一般说来，第一个标记在西边，第二个标记在东边。这种方法跟在阳光下竖立木棍的原理一样。

借助星星辨别南北

北极星处于北天极（北半球星空旋转的虚拟中心点）上方，位置相对稳定，所以其他的星星都像在围绕着它转动。如果你能找到它，你就能找到北方。在南天极附近没有特别亮的星星，但是你可以依靠南十字星座来找到南方。

找到北极星

•先找到北斗七星（也叫大熊星座），北斗七星就像个巨大的勺子，勺身边缘有两颗星指向北极星，北极星是天上最亮的星星之一。

•再找到仙后座，它看起来像一个大“M”或者大“W”。从“M”或“W”的内角的尖端延伸出一条直线，这条线也指向北极星。

•小熊星座有时也被称为“小北斗”，北极星是“斗柄”上的最后一颗星。

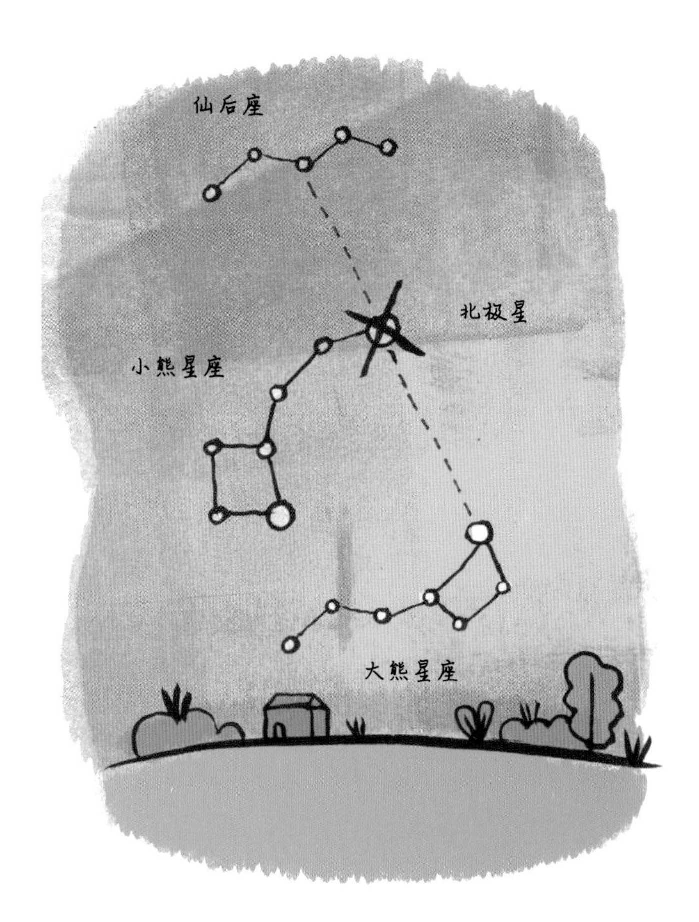

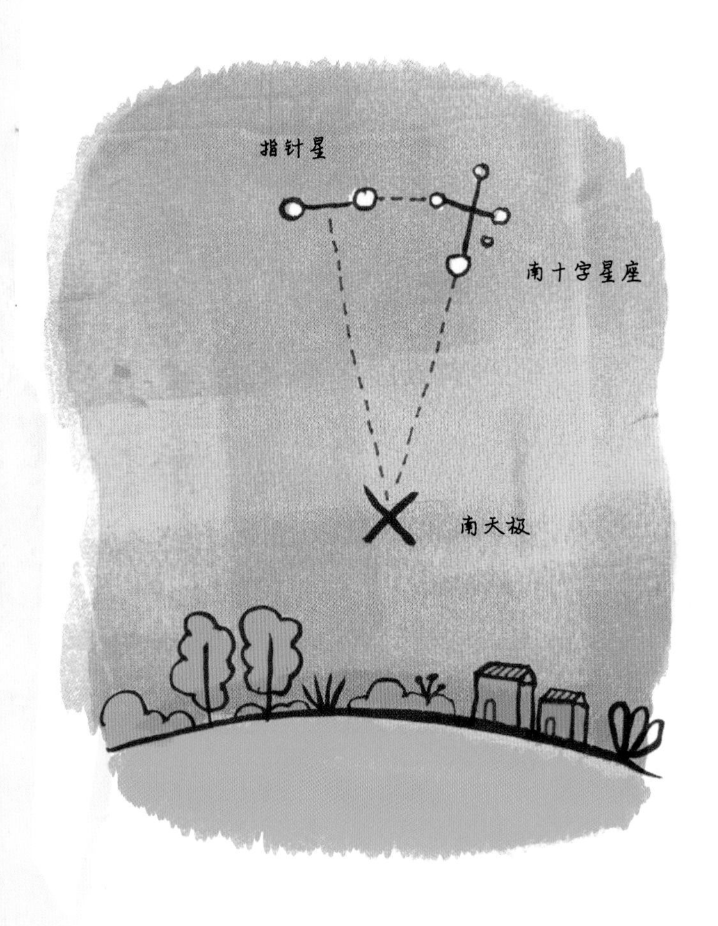

找到南天极

•在晴朗的夜晚，找到横越天际，像一条银色光带一样的银河。

•在这条星带上找到一个叫“煤袋星云”的黑色斑点。

•找到由四颗星组成的十字图案，其中有两颗星特别明亮，这就是南十字星座。

•在南十字星座附近，有两颗很亮的星——指针星（南门二和马腹一）。穿过这两颗星连线的中点画一条假想的垂线，这条线与南十字星座十字形的长轴延伸后交叉的点就是南天极。

雪脊迹象

在南极探险，很容易就会迷路。因为那里各处的景观并没有多大的差别，所以也没有什么明显的标志能帮你在迷路后很快返回原路。但是有一种方法可以帮助你，那就是观察雪面的波纹，就是雪地上隆起的线，雪地会像沙丘一样，随着风平行移动一段很长的距离。你是在与这些线垂直地行进，还是在与这些线平行地行进，或是按照一定角度向前走？记住这些信息可以帮你判断方向。

月之暗面

月亮大约每28天绕着地球转动一周，当月亮运行到太阳和地球的正中间时，我们是看不见它的；而当地球处于太阳和月亮的正中间时，我们则会看到一轮满月。

在晴朗的夜晚，利用月相变化的知识，你可以在野外迅速确定方向。以你身处北半球为标准参照，如当月亮像一个反写的字母〝C〞时称上弦月，上弦月会在日落时分出现在南方，大约午夜时运行到西方；下弦月则像一个正常的字母〝C〞，大约午夜时出现在东方，日出时运行到南方。

在下弦月到新月，新月到上弦月之间还会出现两次方向相反的蛾眉月，下弦月到新月之间的蛾眉月也称残月，它两个弯弯的角指向西方。新月到上弦月之间的蛾眉月，两个弯弯的角指的方向是东方。无论是哪种蛾眉月，假想它两个角连接起来之后的延长线一直延伸到地平线，在北半球时，这根线指的地方大约是南方，而在南半球指的则是北方。

在雷雨天气里，要学会保护自己免受闪电的袭击。
一棵树，是避风港还是避雷针？
哪里才是绝佳的露营地？

探险家训练营

你正在一个陌生的热带雨林中徒步旅行，突然注意到周围一些反常的现象：蚊蝇越来越多，几头鹿在不远处不知为什么撕咬。蜘蛛则蜷缩在网上的一个角落里。还有，云层在逆风移动，整个天空越来越灰暗。不妙！要下雨了！还好你带了雨披，靴子也是防水的。这个时候，你会在树下找个避雨的地方还是在高高的河堤下找个地方避雨？

探险家必备

去探险和去海滨度假完全不一样，你可得认真计划自己的旅程，用你的帆布包带上所有需要的东西。阿布鲁齐公爵是意大利国王的孙子，他于1897年游历阿拉斯加时，带了几十个仆人和搬运工，还有四张铁铸床。你肯定不会摆出他那样的排场，所以得精心挑选你要带上的东西，并仔细放到要背一路的帆布包里。

始于足下

除非你能在整个旅途中都乘飞机或是坐船，要不然你还是需要靠自己的双脚。一双好的靴子大多数时候是你旅途中最重要的装备之一。你的靴子应该具备以下特点：轻便，结实，防水，暖和又不太热。在这些前提下，具体选择哪种靴子还要依你的目的地而定。

徒步靴

在温带地区（不太热也不太冷的地方）行走或探险，这种鞋最合适不过了。它可以让你在森林里、山坡上以及崎岖的小路、一望无际的草地上都行走自如。

丛林靴

它的主要材料是帆布和橡胶，适合在湿滑的地面上或是下雨天行走。这种鞋的鞋底防水，鞋面也很容易晾干。

这种鞋也非常结实，可以抵御各种植物的尖刺，挡住虫子的叮咬和蛇的毒牙。它还非常轻，穿上它，你的脚绝不会感觉闷热。

登山靴

比一般徒步鞋更结实，也更硬、更重，这种鞋在冰雪天也会很保暖，而且让你不容易滑倒，即使被坚硬的岩石卡住也不会变形。

沙漠靴

一般由小山羊皮做成，可以保护你的脚不被热沙灼伤。这种鞋非常轻便，穿上它，你的脚可以自由呼吸。

生活必备

带一些保暖、轻便又能快速晾干的衣服，还要有一个跟你的目的地环境状况相匹配的睡袋（比如去丛林，千万别带太重、太暖和的睡袋）、一件防水的夹克、生火设备、急救箱、地图、指南针、一个结实的双肩背包。最好准备一个可以密封的容器，比如罐子什么的，随时带在身边。里面可以装一个按钮指南针、钓鱼线与钓鱼钩、打火机、钢丝锯和一些针线。

多种用途

最好的装备是那些具有多种用途的东西。举个例子，挪威极地探险家弗里乔夫·南森在1888年第一次成功穿越格陵兰岛的时候，就用帐篷上的防潮布做出了一个雪橇的帆以及一艘简易船的船底。

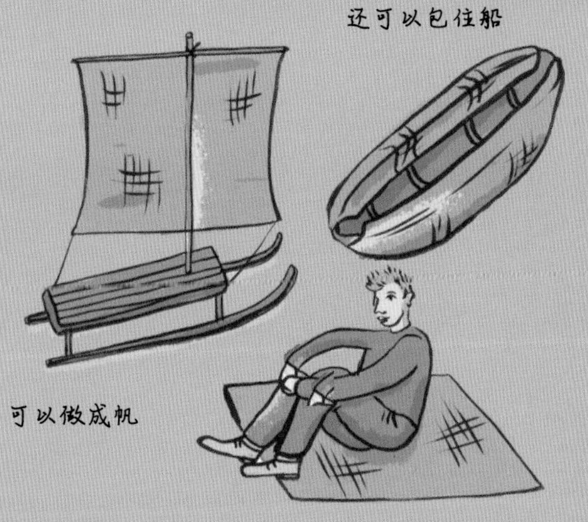

有关“三”的法则

每个探险家都有几种自己钟爱的物品，比如结实的靴子或是精巧的定位追踪器，但是他们都知道，了解些必要的知识可比这些物品重要得多。其中包括跟数字“三”有关的一些法则。就算你光着身子被困在一个刮着飓风的荒岛上，如果你能按照这些步骤试试，你可能会比那些从头到脚都包裹着棉衣，从保暖手套到外太空写字用的笔都带齐的探险者好得多呢！

神奇的数字

关于“三”的法则有：

没有任何庇护的情况下，你最多可以活三小时。

没有空气的情况下，你最多可以活三分钟。

没有水的情况下，你最多可以活三天。

没有食物的情况下，你最多可以活三周。

为什么知道这些对你很重要？因为它告诉你在艰难求生的环境下该优先考虑哪些问题。优先就是你首先要做的事。探险家们经常会身处险境，如果他们想活下去，就必须知道先做哪些事。下面就告诉你该做什么的先后顺序和怎么做。

❷ 当你挣扎着想尽力从一堆东西里爬出来的时候，发现海水已经没过了你的头，你可以花一分钟时间赶紧游到水面上，也可以花两分钟时间拿到随身背包再向水面上游。这个时候，你是赶紧去拿背包还是先赶紧游上去？

❺ 现在，你是找一个干净的溪流把嘴巴洗干净，还是不管多渴先搭一个可以容身的棚子再说？

荒岛求生"三"法则

❶ 想象一下，你独自一人航行在无边无际的大海上，突然吹来一阵狂风，你的船撞在了暗礁上，海水顺着破洞快速灌进船舱里，船倾斜着倒向一边。

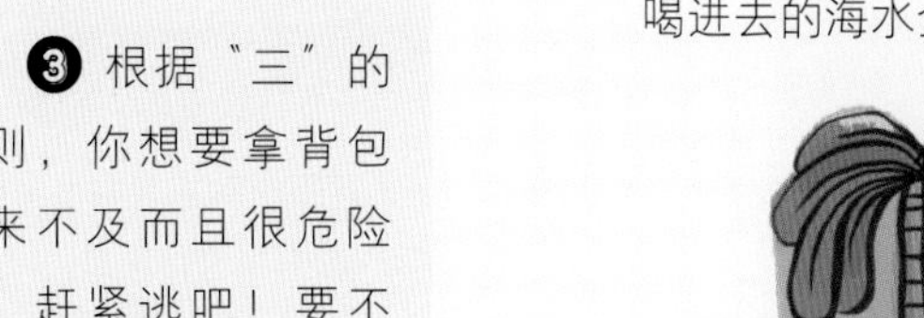

❸ 根据"三"的法则，你想要拿背包是来不及而且很危险的，赶紧逃吧！要不然可能会被淹死的！

❹ 你奋力从正在沉没的船里游到水面，游到一个荒岛的岸上，现在你需要把喝进去的海水全都吐出来。

❻ 你也许可以三天不喝水，但是如果你一直待在暴风雨里可能活不了三个小时。所以，赶紧搭一个棚子吧！

❼ 第二天早上，当你从棚子里爬出来，意外地在海滩上发现了一盒饼干，这是从沉船里漂出来被冲到岸边的。你肚子很饿，是立刻把饼干塞进嘴里还是先去找水？

❽ 当然要先找水！不吃东西你可以活三个星期呢。而且，消化食物也会消耗你体内储存的水，所以，先把饼干放下，等找到水之后再吃吧。

❾ 两周之后，你得救了。虽然又饿又瘦，但是多亏了这些法则，你活下来了！

生火

在野外探险时，生起一堆火可以让你保持温暖，可以在夜晚照明，可以煮水喝，也可以烤东西吃，烤出来的食物安全又美味……可是如果你在一个下雨的夜晚滑落山坡，丢失了所有的装备，包括打火机和火柴，你会怎么办呢？怎么才能生一团火来烘干衣物和取暖呢？

生火材料

光有木头是生不了火的。事实上，你需要三种东西相互配合：火种、引火物和燃料。火种得是非常轻并且容易点着的东西，一个小火花就能引燃。引火物是一些能让火继续烧着的细枝条，保证它们不比你的小拇指粗。至于燃料，从细木棍到粗原木都可以，它们都能让火一直燃烧下去。

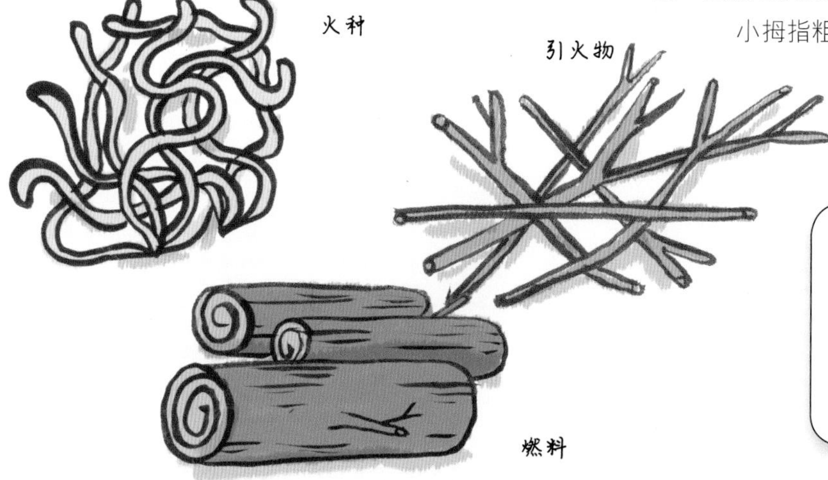

预想一下，要是你收集的火种和引火物都湿了，那情况可就不妙了。所以，找个干燥防水的地方来储存它们吧！

怎么靠摩擦木头生火

对你来说，借助自然界里的东西生火真是一个很大的挑战。但不管怎么说，你都要想办法创造出足够的热量让火烧起来。通过互相摩擦两块木头就可以达到这个目的，但是你得知道互相摩擦的方法。下面是最简单的一种，你可以在后院里试一试：

硬木棍

软木板

❶ 找一块软木板和一根硬木棍。

❷ 用刀子小心地在软木板的中间部位挖一个沟。

另外一些可能不太可行的方法

❶ 用一个钢片敲击打火石（打火石实际上是一种铈铁合金），就会产生火花，用来引燃你的火种。

❷ 用一面放大镜可以把太阳的光线会聚到一个易燃物体上。

❸ 你可以拿一块拳头大小的打磨好的冰当放大镜使用。

❹ 用巧克力或牙膏把易拉罐的底部磨光，当磨得跟镜子一样亮的时候，拿它反射太阳光线，让太阳光线会聚到一个点上引燃火种。但是，你可能得磨上几个小时。

❺ 用正负极在一端的9V方块电池去碰触钢丝绒，也会产生火星。

❸ 握紧硬木棍，在软木板上的沟里来回摩擦。

❹ 如果你足够用力，速度也足够快的话，软木板上的木屑会在沟的尾部堆积，而摩擦产生的热量很快就会让木屑烧着。

❺ 如果你想让火着得再大一点，就轻轻地吹一下木屑，让它烧得更旺。现在，你已经拥有了火种，可以用它来点燃引火物了。

野外露营

在充满了种种不可思议的神秘地带，艰辛地探索了一天之后，你需要找一个安全又温暖舒适的地方休息一下，做一顿好饭，再好好睡上一觉。一定要仔细选择露营地，要不然，突然掉下来的树枝、汹涌奔腾的河水以及各种野生动物都可能会给你带来意想不到的麻烦。

理想的露营地

理想的露营地是在风吹不到，离水源很近又没有洪水威胁的平地上。而且，最好离树木近一点——可以帮你挡风，还能提供生火的燃料。但别把帐篷搭在树底下，因为你还要生火。在帐篷周围挖一条排水沟，好让下雨天时水可以很快流走，而不会灌进睡袋里。

不能露营的地方

山谷底部。因为那里往往比较潮湿、泥泞，还有可能被洪水淹没。此外，在夜里冷空气会降到谷底，地面就会非常寒冷。

树下。看起来很结实的树干，在狂风中也可能会断裂而砸在你的头上。

悬崖脚下。头顶会有石头突然滚下，水也随时可能会流到你的帐篷里。

雪坡底部。你很可能会遭遇雪崩。

在有动物足迹的地面上。小心野生动物突然拜访，因为你挡了它们的路。

水沟里或是干的河床上。如果突然下雨，这些地方马上就会被淹没。

来试试吧：

开路先锋

在丛林中探险时，你可以用特定的符号标记和指引道路，让其他探险者可以按这条路来走。探险家们常会用这样的方法互相帮助走出困境。毕竟，你要是找到了一条不被野熊骚扰的道路，为什么不告诉别人呢？这里列举的是一些国际通用的标注道路的符号，你可以用粉笔画或者直接刻在树上。

右转　通往另一条小径的支线　左转　继续直走　道路的起点

在家附近开辟一条道路，再让一个朋友试着走走。

识天气

有经验的探险者知道什么时候可以出行，什么时候应该找个地方躲避一下。你不想被暴风雨引发的洪水卷走吧？如果真的发生这样的情况了，那么最好的结果是你和你所有的装备都被打湿；最坏的结果是你被冻死，被洪水不知道冲到哪里，被闪电击中，被掉落的树枝砸伤，或者被飓风或龙卷风刮到半空。

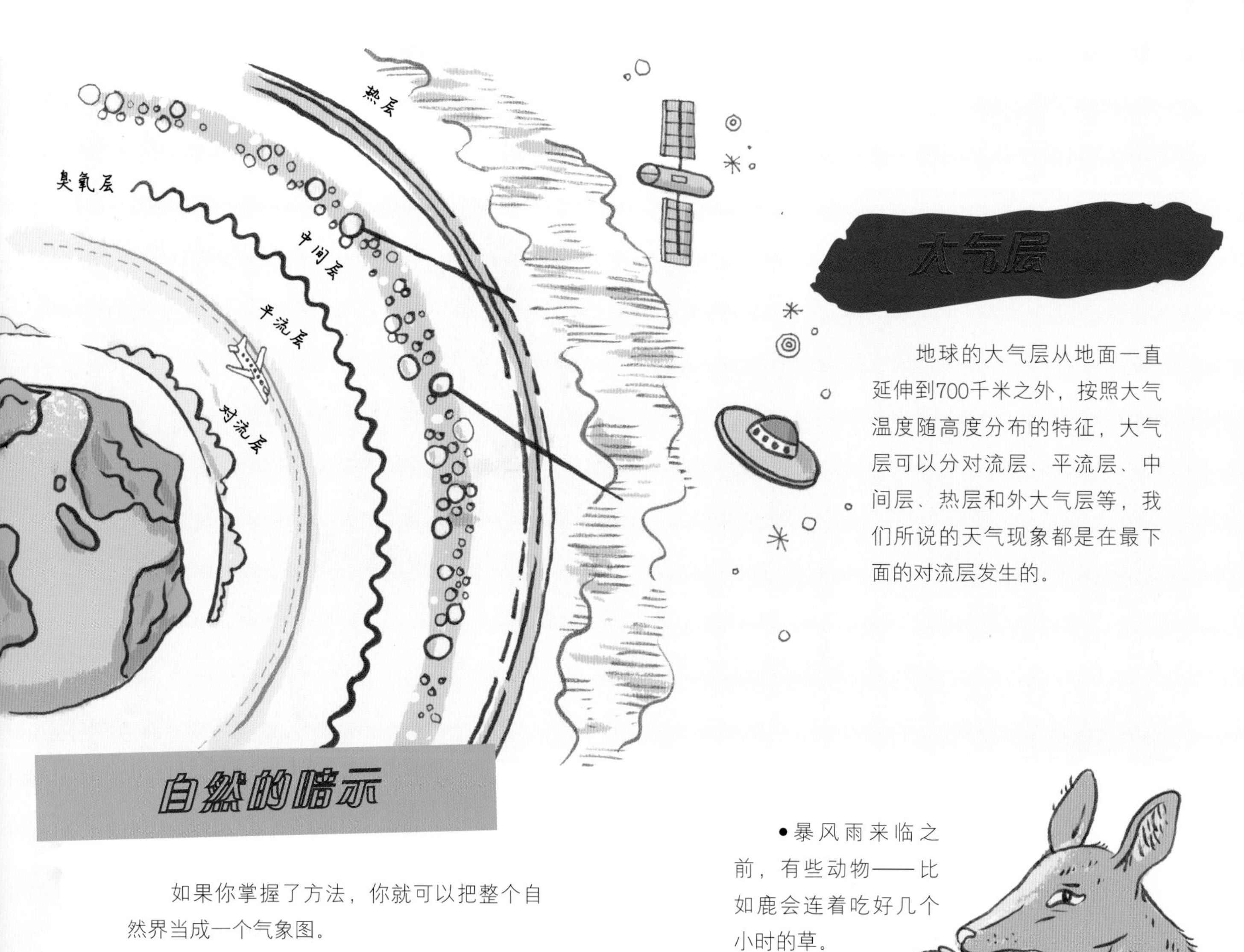

大气层

地球的大气层从地面一直延伸到700千米之外，按照大气温度随高度分布的特征，大气层可以分对流层、平流层、中间层、热层和外大气层等，我们所说的天气现象都是在最下面的对流层发生的。

自然的暗示

如果你掌握了方法，你就可以把整个自然界当成一个气象图。

• 暴风雨来临之前，有些动物——比如鹿会连着吃好几个小时的草。

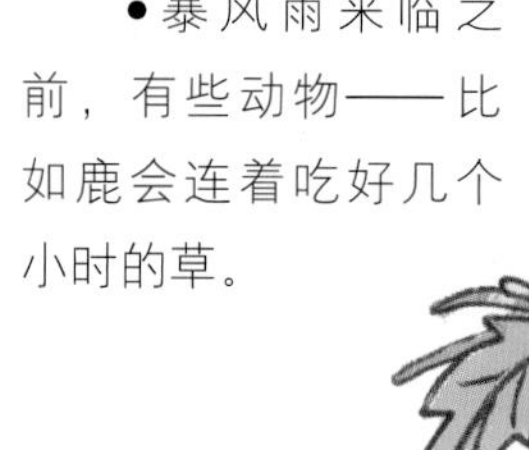

• 如果坏天气即将来临，蜘蛛结的网会比平时小一些，密一些，蜘蛛则会缩成一团躲在角落。

蜘蛛一般会在风经常吹过方向的侧面织网。

看云识天气

预测天气的有效方法之一就是看天上的云。云层有时候很高，有时候很低，有时候则处于二者中间。

•蓝色的天空中悬着蓬松的、离地面很近的云，预示着一个好天气。

•漫天的云，不管是高是低，还是不高不低，都预示着即将下雨。

•一层一层的云叠在一起，或是一朵云巨大无比又蓬松，都预示着暴风雨要来临。

•云若是向上升腾，并且云的顶部向四周散开，很可能会有闪电。

动手制作判断天气的小工具

来试试吧：

从柳树、桦树或是冷杉上剪下一段大约长40厘米、宽3厘米的直枝条。将它固定在院子里小棚屋的外侧，让它直直地伸展。如果它向下弯曲了，说明将要出现恶劣的天气；如果向上翘起，说明将是好天气。美国东北部和加拿大东部的美洲原住民经常用这种方法来预测天气。

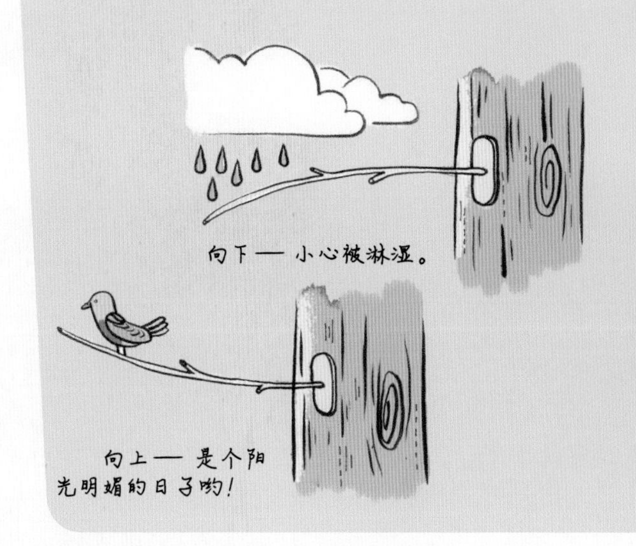

•如果你生的篝火烟是直着向上飘的，就表示是好天气。

•如果喷气式飞机的轨迹在天上保持两个小时左右，不好，坏天气要来了。

•在暴风雨来临之前一个小时左右，蚊子等爱咬人的昆虫的活动会异常活跃。

暴风雨警报

你正在山中徒步旅行，突然远方出现闪电的影子，迎面吹来的风里还夹杂着雨滴。看来，一场电闪雷鸣的暴风雨就要来了！你肯定不想被雷电炸成薯片，那么现在该怎么办呢？

当心高压电！

闪电是一股云层间互相作用产生的非常强劲的电流，它会穿过任何平地上竖立的物体，包括你。所以，你得赶快找个安全的地方躲避才行。

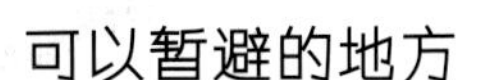

可以暂避的地方

●室内。钻进汽车或是建筑物内，关好门窗，别触碰任何金属物体。

●低矮的小树林。如果附近有一片低矮的树林，离大树很远，又比较茂密，就是很好的避难所。

●山洞内。但注意要离洞口远一些。

记得远离

●高耸的树木最容易吸引闪电。

●比较高的地势。无论你在一座小山还是大山上，赶紧下来！

●四周开放的空间。包括所有类似公交站或者雨伞底下这样的地方。

●洼地。闪电击中地面后，电流会流向洼地或是沟渠里。

让自己成为绝缘体

以下这些方法可以减少你被闪电击中的概率：

❶ 蹲在地上，手抱住头，只有脚挨着地面。尽量缩成一个球，这叫蜷缩法。

❷ 不要随身携带任何金属或带有金属的物品，像冰镐、手表和带有金属支架的帆布背包等。

❸ 蹲或坐在一圈盘着的绳子或是一块木头上，尽量缩成一个球。别让身体的任何部位与地面接触。

头发直立

在被闪电击中之前，有时候人们身上会产生静电。如果你的头发直立，皮肤感到刺痛，那可要小心了！赶快找一个安全的地方，如果附近找不到，那就赶紧用蜷缩法，躲避可能来临的危险。

遭遇龙卷风

龙卷风是一种呈螺旋形的快速运动的强大气流，它能把地面上的物体卷起带走。龙卷风的风速可达到每小时几百千米，卷起的木棍、石头甚至草叶都会像子弹一样到处乱飞。如果你遭遇到龙卷风，赶紧找个沟渠或者洞穴躲进去，并且要双膝跪地，紧紧抱住头，将身体蜷缩起来，等待龙卷风过去。

NOT-FOR-PARENTS

lonely planet

NOT-FOR-PARENTS
伦敦
你所不知道的世界

NOT-FOR-PARENTS
巴黎
你所不知道的世界

NEW YORK TRANSIT AUTHORITY
MTA
NEW YORK CITY

NOT-FOR-PARENTS
南美洲
你所不知道的世界

NOT-FOR-PARENTS
亚洲
你所不知道的世界

NOT-FOR-PARENTS
中国
你所不知道的世界

lonely planet
NOT-FOR-PARENTS
我要当世界探险家

lonely planet
NOT-FOR-PARENTS
如何成为恐龙搜寻者

著作权合同备案号：豫著许可备字-2014-A-00000019

图书在版编目(CIP)数据

我要当世界探险家/(英)乔尔·莱维文；(英)詹姆斯·格利佛·汉考克图；张哲，李云译.—郑州：海燕出版社，2017.11
ISBN 978-7-5350-7233-7

Ⅰ.①我… Ⅱ.①乔… ②詹… ③张… ④李… Ⅲ.①探险-世界-少儿读物 Ⅳ.①N81-49

中国版本图书馆CIP数据核字(2017)第129297号

本作品简体中文专有出版权由童涵国际(KM Agency)独家代理

出 版 人	黄天奇	责任编辑	左 泉
选题策划	张桂枝	美术编辑	李岚岚
版权策划	杨晓燕	责任校对	李培勇
项目统筹	张满弓 刘 嵩	责任印制	邢宏洲

出版发行 海燕出版社
(郑州市北林路16号 450008)
发行热线 0371-65765271
经 销 全国新华书店
印 刷 亨泰印刷有限公司
东莞市星河印刷有限公司
开 本 8开
印 张 19.5
字 数 390千
版 次 2017年11月第1版
印 次 2017年11月第1次印刷
定 价 98.00元

Conceived by Weldon Owen in partnership with Lonely Planet
Produced by Weldon Owen Ltd
The Plaza, 535 King's Road, SW10 0SZ, London, UK

weldonowenpublishing.com